香港文學報社出版公司

前 言

——感恩寄語

香港 陳 娟

日月盈昃，光陰似箭，我於八十年代初來港，一晃三十五年。初到貴境，謀生何易！一介在國內執教十七年的中學教師未能被港局認同，只好自尋門路。由於天生喜歡文學、醫學、玄學，最後還是選擇從醫為生，所謂“醫者父母心”“仁心仁術”，意義非凡。

少時受母親贈醫贈藥慈善為懷影響，就喜歡收集驗方。文革時，下鄉鍛煉，迷於“一根針一把草”，在自已身上扎針體驗針感，為農民治病。來港後為謀生，以針灸治病為業。我行醫的宗旨是“救死扶傷，治病救人”，力求精益求精，不斷進修，1994-1995年我到香港大學專業進修學院半工半讀學中西醫兩年。我重醫德，從不拖症求利，往往針治一病，卻同時治療病人幾種病，並不加收醫療費；常與病人談心，治病又醫心。因此，贏得市民好口碑。

1998年11月，《大公報》夏智定編輯致電給我，說他主編的版面要新增一個《保健》專欄，希望我投稿。這是寫我親身臨症的經驗，寫來駕輕就熟，得心應手，便欣然應允。中華醫學博大精深，歷代醫者創下了獨特的醫術和單方，但常見醫者為生計各留一手，影響了中華醫學的宏揚發展。我雖不才，在港已行醫15載，積累了許多臨症經驗，也有些自己的心得和獨技， 把之公諸於世，希望對醫者和病者都有裨益。

有感夏智定編輯知遇之恩，感謝他對我的賞識和信任，為了寫好保健專欄，我除了再三深研《黃帝內經》、《本草綱目》、《針灸學》等外，還博覽醫學群書。每有收穫，我都想與讀者分享。比如我拜讀了清代醫學理論家和臨床醫家陳修園醫師著的《陳修園醫書》後，收益不淺， 方知有“藥後瞑眩”現象，卻是病癒佳兆。

我叔父陳威，是針灸專家，宅心仁厚，為鄉親們免費治療，受人敬重，我倆經常切磋，辨證病因治果。他看了我這些文章後，拍案叫好，促我成書，並為我寫《序》。夫君張詩劍十多年來也一直敦促我把這些專欄文章彙集成書。去年，我熟絡了戴建評醫生，他原是福建漳州醫院第一把刀，著名的外科醫生，多才多藝，博古通今，是位醫學科普作家，著作遍及兩岸三地。我便向他請教出版醫書的事，他十分支持，還為本書撰文， 他的熱情相助使我感動不已。不少朋友看了剪貼稿都激勵我出書，普濟世人。作家江燕基一夜之間就寫了一篇情深意切的《人文關懷譜新篇》。

天時地利人和，貴人鼓勵相助，令我信心大增，《仁心仁術見神奇》便應運誕生。借此機會我謹向出版社和激勵幫助我的親友深表謝忱！

序 言

陳　威

這本針灸集是以實用為主旨，因此沒有深奧的理論，她起心動念就是治病救人，所以將臨症經驗公諸於世，絕不為稻粱謀留一手。縱觀她為人，極為慈善，我理解她更深層的意念，使本集發表後，病者對症知其尚可醫治，心理得到無限寬慰，而且針灸較便捷，醫療費用也不多；醫者得到這些臨症經驗，能廣泛應用，使更多患者受益，早日恢復健康，這是她心的呼喚、愛的奉獻。

陳威,福建省長樂人,是陳娟叔父,針灸專家

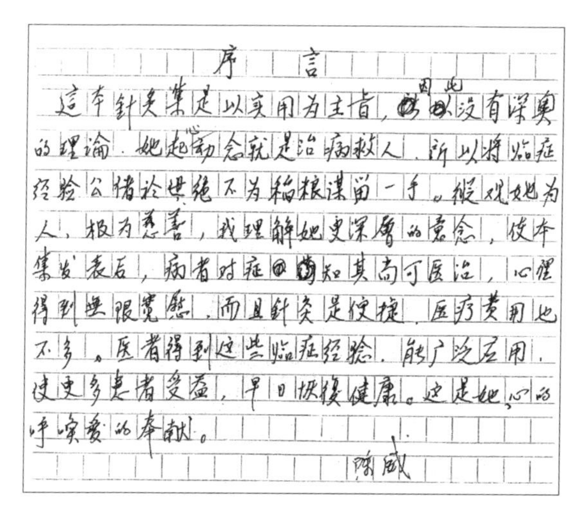

序　言

这本针灸集是以实用为主旨，因此没有深奥的理论。她起心动念就是治病救人，所以将临症经验公诸於世绝不为稻粮谋留一手。纵观她为人，极为慈善，我理解她更深层的意念，使本集发表后，病者对症知其尚可医治，心理得到无限宽慰，而且针灸是便捷，医疗费用也不多。医者得到这些临症经验，能广泛应用，使更多患者受益，早日恢复健康。这是她心的呼唤爱的奉献。

陈威

注：陳威先生是作者陳娟的叔父，針灸專家。

人間文章醫者心

——陳娟《仁心仁術見神奇》序二

香港　夏智定

十餘年前，在我主編大公報〈文學〉版時，常會電約香港著名女作家陳娟來稿，因她的散文和小說都是一流的。而在更早的十餘年前，陳娟的大名已在內地的文學界和影視界盛傳，她的長篇小說《曇花夢》，更是連續被二家省市級電視台購下版權而被拍成連續劇，一時成為文壇佳話。

記得那一年報社諸版面要作改版，並擬增〈保健〉新版以饗讀者，由於此類醫學文章要有一定的專業性限制且要對社會負責，並非善寫文章者人人可得而寫之。於是，我很快想到文章炳煥、而且有家傳淵源精修醫學獲政府註冊行醫中的陳娟，不妨試試承攬此版中一個專欄的相關寫作。經相商，她含笑應充，並很快便傳來了她的文字端秀且文意流暢的專欄文章了。

很多讀者也許並不知曉，陳娟，除了文名赫赫外，她的中醫造詣特別是針灸術也是很高明的，曾記得二十多年前她在九龍土瓜灣下鄉道開過一家“龍德醫館”，牆上掛滿了一排排受其治癒者送贈的賀匾，皆是贊其妙手回春的針功，頗有針落病除之神奇。據說更有一位躺着被人抬來找她治腰疼的女病人，一針下去，竟奇跡般地自己可以走回家了。如此一手神針，見者莫不

驚喜嘆服。

果然，陳娟總結了自己替人治病的醫道經驗，成文寄給我並一篇篇發表後，讀者竟排日追讀不已。她才寫了五六篇專欄，我在報社編輯部上班時便額外多了一份工作，即不斷地接到讀者來電，告知自己的病況或詢問陳娟的電話號碼，擬去求醫。於是，我都得一一記下來電內容並轉告陳娟。

這樣寫了數月，她的精彩的醫學文章之報樣，也在我手上累積了一大迭。這迭報樣，後來也成了我自己的收藏，因此類醫學知識文章和治病實例探討，相信也會對自己的日常養生有所裨益。陳娟在港行醫二十多載，她為了精益求精，曾在香港大學專業進修學院進修了兩年中西醫文憑。她在研究脊椎學的理論上獲得美國ACU東方傳統醫學文化研究博士。香港回歸後，政府正規考核，陳娟（陳秀娟）獲第一批註冊中醫師。

似乎還依稀記得，當年我就曾對陳娟說過，若將她的醫文並茂的文章早日合集出版，定可醫人益世，功德無量。所謂冉冉天香，獨步才名，陳娟應當之無愧。也許因了她的謙虛和謹慎，此書之出版，竟一拖十餘年之久，直至此次方付梓實現。

陳娟提出要出版《仁心仁術見神奇》一書，並約我寫一篇序言，我自然一口承應，醫人益世之襟懷，大愛無私，誰不心儀且賀之贊之耶？況書輝字馨，卷溢春風，得者皆喜，是所至盼。

乃為序。

二零一五年四月

目　錄

針灸佗脊可治骨刺

骨刺又叫骨質增生，每見病人前來就診，常皺着眉頭說：「拍過片，醫生診斷有骨刺，建議動手術。」但他們怕開刀，希望靠古老又神奇的針灸來治好。

其實，四十歲以上的人多會生骨刺，我曾見一病人，骶部生了密匝匝的骨刺，但自言並無不適之感。可見骨刺只要不壓住神經，並無大礙。一般來說，骨刺多生於脊椎和膝關節。有時，即很重要的一點是，脊椎移位也形如骨刺，所以不可以骨刺論之。倘醫生誤診後竟誤將移位時的突出部分也削去了，就損傷了脊椎。我們應知，聯絡神經元位於腦及脊髓內，將衝動由感覺神經元傳至運動神經元，而脊髓神經從椎間孔伸出，故而若開刀不慎，傷及這些神經，就無法把中樞神經的衝動再傳送至運動神經元，就會導致下肢癱瘓。某女士就是這樣一個典型的例子，三年前，她只是背部有點痛，經拍照，醫生說她生了骨刺，建議開刀，她便住院並對第八、九脊椎旁的骨刺動了手術，可能傷及神經，頓時兩腿麻木無力，好像不屬於自己一般，連坐也坐不穩了。經二、三年多方治療，現還得依靠柱椅走路。

要解除骨刺帶來的痛苦，主要是要使骨刺偏離神經，對此，我以爲用針灸治療比較見效。

筆者在十年前就發現，原來脊椎移位與經絡有很大關係。有一天，一位婆婆背痛難當，呻吟不止，我一檢查，大吃一驚，發現胸椎向右移位一寸多，幾乎跟肩胛骨靠近。她求我以針灸治之。於是，我就在移位的脊椎棘突下的佗脊穴針之，很快，胸椎奇蹟般地挪正到原本的位置，她當場舒服了。當然，病得從淺中醫，所以見效也神速。有的人移位了已數年乃至十幾年，針灸時就不止一個療程可以解決的了。

佗脊穴，又名華佗夾脊、夾脊，其位置位於第一頸椎起至第五腰椎止，每椎棘突下旁開五分處，左右共四十八穴。又有一說，華佗夾脊位置，從第一胸椎起至第五腰椎止，椎棘突下旁開五分，計十七對，左右共三十四穴。

自醫好此老婆婆後，我每見病人頸痛、肩膀痛和腰痛等，例必先檢查脊柱，發現脊椎移位，必針佗脊穴，隨着脊椎復位，病痛也消失了，如此這般，果然收到意想不到的效果。從此，我醫癒了許多寫字樓先生、小姐的此類職業病。前不久，有位楊先生，自言腰痛多年，中西醫治療均無效。我一撿查，他的腰椎竟向右彎成了弧形，便以華佗夾脊穴針之，僅一療程，脊柱直了，腰痛症狀也消失了。某陳女士，其脊椎更是彎成三曲，十幾年來痛不欲生，無法工作，我也針以佗脊穴，經一段短時期的治療和護理，也恢復了健康，且身材變得更勻稱了。

中國古老的針灸，誠有如此神效，諒你不得不信。

原載於《大公報》1998年11月20日

治肚臍突出症后的感想

愛美是女人的天性，時代興苗條，女性們對減肥趨之若鶩。有位王女士嫌自己的肚腩大，便去美容院抽脂減肥。聽人說手術後要吃生魚湯補身，豈知吃後，肚臍竟突出了半寸。求美反得醜，心急如焚，到處求醫。

這裡要補充一下，筆者在替人針灸時， 常發現有些曾開刀的病人中，有的傷疤突起如蚯蚓，而有些人的傷疤很平整。原來有人動手術後，多以生魚補身，認爲傷口容易癒合。不錯，生魚的功能滋養強壯，皮面上是很快癒合了，但內部組織結構尚未如此快速吻接，因此就突了出來，其狀宛如蚯蚓。其實，病人要吃生魚湯，必須在傷口癒合后進補，比較適宜。而有人在動手術後多吃鱸魚湯，鱸魚補五臟，益筋骨，吃後令傷口癒合迅速，而且均勻。

王女士向我敘述了她的不幸。她僅三十多歲，身材高佻，其實肚腩並不算大，花錢買難受，又留下這個討厭的肉蒂，她越想越惱火。一惱火，就遷怒於她的丈夫。她說，她丈夫原是位事業心很強的男人，有理想，有魄力，誰知近來變了一個人，整天羞於見人，躲在屋裡不想出門，又絮絮叨叨愛講些陳年老話，夜裡的性生活中毛手毛腳更令其心煩。談話中，我認爲此女有二種病：一、肚臍突出，二、患性冷感症。

於是我對症下藥。在王女士的肚臍兩旁的肓俞穴針了二針，又爲她的冷感症針了腎俞、關元等穴。然後又在她的肚臍上塗上茶油，灑上遠志粉，再貼黏上保健紗布。茶油祛風解毒，遠志散鬱消腫。只五天時間，肚臍就消平了，再繼續針完一療程。在針灸期間，我又跟她細細談心，告訴她，她的丈夫是更年期病，是短暫的，捱過一、二年就沒事了。在他更年期中你應多關心他、體貼他、諒解他，不要刺激他，不要動不動就以離婚要挾他，這樣只會使他的更年期拖長。我還告訴她，再過幾年，她也會有更年期症狀，這是人生必經之路，只是病情輕重長短區別而已。如果那時的他也如此對待她，她有何感受？故凡事要多站在對方的立場上，設身處地的想想，當會心平氣和。

第十天，是她針灸的最後一天，她打扮得花枝招展，見到我就高興得款款擺腰，說：「陳醫生，你不覺得我身材更苗條了嗎？我穿的全是少女時代著的裳裙呢！」

中醫的醫觀是整體觀，改善了某處，也就帶動了全身。我的思想只集中在醫治她的臍突和冷感上，還沒注意到她身材的變化。她還悄悄告訴我，她和丈夫的房事很協調了，她感到很幸福。

原載於《大公報》1998年11月25日

淺談糖尿病之治

中醫稱「糖尿病」爲「消渴」或「消癉」，表現症狀爲「三多一少」，即多尿、多飲、多食、易飢而致體重減輕。即可分爲上、中、下「三消」，與肺脾腎臟有比較密切的關係。口渴多飲爲肺熱，稱上消；以多食善飢爲脾胃積熱，稱中消；多尿或兼腰酸痛者爲熱傷腎陰或精不化氣，稱爲下消。西醫認爲糖尿病是一種尿中含有糖份，因醣代謝紊亂引起的疾病。本病發生的直接原因是胰島素分泌減少或相對不足所致。糖尿病與多食肥甘食物及精神因素有關。如果情緒不好，精神受刺激，可引起高級神經活動功能障礙，乃至影響腦垂體、腎上腺、胰腺等產生神經體液調節功能的器官失常而發生醣代謝紊亂，因此，要預防糖尿病除注意飲食外，更要長保精神愉快、樂觀、豁達，要勤活動。

一位糖尿病人對我說，七十年代初，他是位技術高超的修車師傅。當年可口可樂正是時髦飲品，車主們多愛請他飲此物，平時，工人們也常請他喝可口可樂，他均來者不拒，後來喝得太多了，終患上了此惱人的糖尿病，悔之莫及矣。

一般來說，患糖尿病的人很感痛苦，因甘美的食品不敢吃，甜的鹹的食物也都會令其病變，乃至只可吃淡味的東西。因爲熱灼腎陰，腎陽不足，精不化氣，所以常伴有陽萎、肢倦乏力等症狀。有位友人告訴我，他的親戚是一位世界級億萬富翁，不幸也患上了糖尿病。有一次他去富翁家進餐，滿桌皆佳餚美食。只見富翁後面站着兩位護士，當富翁伸箸挾他愛吃的菜餚時，一位護士便暗示他不能吃，他又去挾另一菜餸時，另一位護士又暗示他吃不得。富翁便一氣離席，深深感嘆道：「健康才是最大的福氣，健康才是最大的財富！」於此可見，糖尿病患者之普遍，即使如此大富翁也身不可免。前面已分析糖尿病成因，主要是肺熱、脾熱、腎熱等，中醫的施治原則，也均以清泄三焦蘊熱爲主。我素以針灸治之，其取穴爲：

一組：肺俞、脾俞、關元、足三里。

二組：肝俞、腎俞、中脘、水道、三陰交。

備用穴：脾熱，腎熱。

兩組交替使用。十天一療程，一般經治理兩療程後，患者自覺症狀改善。一位李先生因剛發現了糖尿病，因病從淺中醫之故，來我處治療後僅兩個療程後就告痊癒，且愈後性功能更加強了。有人怕針灸，我就教他治糖尿病的食療秘方。

一方：玉米鬚煲豬胰（港人叫豬橫脷）。玉米鬚（玉蜀黍鬚，港人叫黍米鬚呈綠色）街市可買到，常連着黍仔，一般份量是三分之一斤，先用清水煲二十分鐘左右，然後放進一條豬胰，再煲十分鐘。鬚不吃，主要吃湯、豬胰和小玉蜀黍。要經常吃。

二方：魚腥草（港人叫樓葉）煲豬肚。方法是豬肚洗淨，魚腥草塞在肚內煲，煲到豬肚熟爲止，要連續吃十個。

許多患者自承吃了一段時間後，均見明顯療效。

原載於《大公報》1998年11月27日

常用水腫療法

最近返鄉，見多位長期信佛吃素的姑嫂多全身浮腫，我爲她們號脈後，覺心肝脾肺腎俱弱，這是飲食失調使致。我便教她們服含有B1、B6、B12的「維樂生片」。有一位大嫂腫得眼都睁不開，因爲她有高血壓病，仍加服「氫氯噻嗪片」，僅二、三天時間，腫消了很多，面實身輕，漸現康復。

水腫爲水液瀦留於體內之故，且向肌膚泛濫，便出現頭面、眼瞼、四肢、腰腹，乃至全身浮腫之狀。因肺、脾、腎三臟與水腫發病有密切的關係，故《景岳全書》爲此作了精闢的全面闡述：「凡水腫等證，爲肺、脾、腎三臟相干之病，蓋水爲至氣陰，故其本在腎，水化爲氣，故其標在肺，水惟畏土，故其制在脾。」水腫病因，主要是感受風寒暑氣外邪、太飢、太飽、飲食失調、勞倦內傷、久病、產後、毒水、瘡，皆可致水腫。

診断時辨證要點，除辨其陽水、陰水和實腫、虚腫外，更要分淸病因和病位：水腫頭面爲主者，多屬風；水腫下肢爲主，納呆身重者，多屬濕；水腫伴有咽痛溲赤者，多属熱；因瘡癤、猩紅赤斑而致腫者，多有濕毒；水腫伴喘急，不能平卧者，病變部位多肺；水腫伴納呆，肢困身重、苔膩者，病變部位多在脾；水腫反覆，腰膝酸軟、耳鳴、神疲，病變部位多在腎；水腫不甚，頭暈目花，易怒舌紅，病變部位多在肝；水腫伴心煩、不眠、心悸、怔忡，病變部位多在心。總之，治療方法得對症下藥。

一般水腫多屬虛證，宜溫脾補腎，此乃正法。治水腫利小便、發汗雖爲常法，但不可滲利太過，以免耗傷正氣。治水腫必須忌鹽。

今有一治腎虛腰重腳腫的良方，即《濟生方》中溫腎補脾行水的「濟生腎氣丸」和「實脾飲」，此成藥於中國百貨店內可買到。

如果身體狀況一般尚好，只單純表現浮腫，則可服「五苓散合五皮飲」，效果十分好。方爲：澤瀉18克、茯苓9克、豬苓9克、白朮9克、桂枝6克、茯苓皮6克、大腹皮9克、陳桔皮9克、桑白皮9克、生薑皮9克。

治水腫還可以用食療。有一秘方許多人吃了很見效。即白鯽魚（不要去鱗）一條，剖腹去內臟和腮，把車前草塞進魚腹內，上放全株葱，以兩碗水煲至一碗。因爲鯽魚溫脾胃，補虛羸，治水谷不調；車前草利尿、解熱、強壯劑，葱發汗解肌通陽氣，利小便消腫。要服多劑。

用針灸治腫，更是立竿見影，可在腫區周圍的脾胃經、腎、膀胱經上取穴，如內足踝腫，針三陰交、太溪、大鐘、水泉、照海，一針就消腫。又如膝蓋腫，可針內外膝眼，足三里、陰陵泉，腫即可消。

原載於《大公報》1998年12月2日

口眼喎斜的糾正

近年來，有幾位口眼喎斜的病人來針灸，有男有女，有老有少，有新患，有舊疾，治後都恢復了健康，五官端正了。尤其那俊男靚女對着鏡子欣賞自己劫後又復原的姣好容貌，更是感激涕零。這也許就是給醫者的最高報酬。

口斜，又叫面癱，面神經麻痺。爲顱神經病變中最常見的疾患，任何年齡都可發病，且以青、壯年較爲多見。本病有中樞性和周圍性兩類。中樞性面癱是因腦血管疾患和腦腫瘤等產生，這得腦科醫生來治療。今天我所介紹的是周圍性面癱。中醫認爲本病是由外感風寒侵襲面部經絡（主要爲陽明、少陽、太陽等經），以致經氣流行失常，氣血不和，經筋失於濡養，縱緩不收而發病。《諸病源候論・偏風口喎候》云：「風邪入足陽明、手太陽之經，遇寒則筋急引頰，故使口喎僻，言語不正，而目不能平視。」

面癱往往突然起病。陳小姐家住新界，去年冬有天清晨買菜回家，只覺一陣寒風吹來，右眼有點不自在，直流淚，右腮麻木，吊吊的。回家攬鏡自照，發覺自己口眼歪斜，大吃一驚。家裡人趕緊去街市買了一條活鱔魚，砍下其尾巴，連血向臉上塗抹至其右嘴角，似乎好了許多，誰知吃了兩塊羊肉，又歪了，經人介紹，來我醫館就診。

吳先生，二十多歲，據自述，清晨起床時，自覺口唇麻木，去盥洗間刷牙，一見鏡中尊容，怔住了。左眼不能閉合，淚水直流，不能皺額蹙眉，口角被牽向右側，鼻唇溝變淺，講話漏風容易流涎，便來我醫館求診。

他們因爲是新患淺中醫，所以針灸服藥不到二療程就諸症消失。有的中風伴有口眼喎斜的，有的年輕時面癱延誤治療的，我都爲之針灸，經過一段時間的治療，多能復原。

我的施治原則，以疏通面頰爲主常用穴：風池、翳風、陽白、四白、魚腰、地倉、頰車、下關、牽正、禾髎、挾承漿、足三里、內庭、人中。

用法：針刺除合谷外；均取患側穴，陽白宜透魚腰，地倉宜透頰車，風池、翳風加灸每天針治一次，穴位可按病情變化選配應用。配合谷、內庭、足三里是遠道取穴，上下配合使用，療效更佳。

民間治口眼喎斜也很奇特，兒時見陳伯爲人治歪嘴（俗稱風掃），待患者熟睡，便把一團藥放在他的患側手心，只見嘴會慢慢端正，待嘴正到九成多即去藥。後見我行醫，他傳給我此法。藥即菖蒲根塊五、六個，艾草幾葉，紅管枇杷葉幾葉，薑一兩半，搗碎後，加上伊茶（兒茶）三錢冰片三錢。

原載於《大公報》1998年12月4日

神奇的抓痧療法

抓痧疗法又稱撮痧、挾痧療法，是在患者身上一定部位或穴位上，反復擰起皮膚，使局部成一個如橄欖狀的充血區，以治療疾病的方法。這抓痧療法爲我國寶貴醫學遺產之一，歷史悠久，方法獨特，簡便安全，是既經濟又行之有效的醫療手法。記得二十四年前，我帶一班學生去遠足，我們乘船過江再步行。那些年輕人精力充沛，在船上爬上竄下，嘻哈喧鬧。忽然，學生林某一下子變得臉青唇白，大家見後嚇得手足無措。當我下艙視他時，只見一位阿伯正掀起林某的襯衣，見到我便說：「老師，你看，他肩胛骨內側隆起一塊包。如果不及時抓痧，將有生命危險！」他見我嚇出一額冷汗，便安慰道：「幸好遇上我，不用怕了。」說着 ，以食拇中三指用力提扯那塊包，然後對風門、肺俞、厥陰俞、心俞、膏肓和肩胛內側持續不斷地捏抓，便立即出現了紫紅色的痧。只見林某臉色漸漸紅潤，竟平安了。

事過十年，有天友人鄒某的母親打電話來，聲音顫抖，不勝擔憂，說鄒某忽然臉色蒼白，很痛苦。她問我能醫嗎？我請他馬上來。鄒某來時，只見他雙眼無神，唇無血色。我請他趴在病床上，一檢查，跟當年我學生林某的症狀一模一樣，肩胛骨內側竟然也隆起了一塊包。於是，我也用當年阿伯的手法替他抓痧，待兩邊的肩胛內沿抓出了紫紅色痧痕，他頓覺舒服了。我又爲他沿着脊柱兩旁的兪穴拔火罐，醫罷，他果真安然無事回家了。

最難忘的是一九九二年八月下旬，我返鄉探親，有一天，某鄉親因淋雨、疲勞、過飢而發起高燒，雖然服了藥也無濟於事。至半夜，其家人來找我。我一摸患者額頭，竟十分燙手，又見他兩眼翻白，囈語不絕，他父母在旁直擔憂落淚。我安慰了數句，便在他背部沿著肩胛骨內側抓痧，他竟一路喊起舒服來。如果身上沒有痧時，抓痧很痛；有痧，不僅不痛，而且愜意得很。我提捏着，撮痕兩邊輻射出許多「芒」，八字型地在他背上現出兩條「大蜈蚣」。這還是我有生第一次見到的奇觀。他忽然轉身坐起笑着說：「謝謝，我全好了！」

抓痧療法硬是有如此神效，難怪西方人感到中華醫學不可思議。其實抓痧原理跟針灸差不多，如果熟悉經絡穴位，抓痧可醫好內外科、婦科、男科、兒科等等全身疾病。

在經絡理論中，皮膚是經脈功能反映於體表的部位，也是經脈之氣散佈之所在。位居人體最外層，是機體的護衛屏障，具有衛外、安內的功效。抓痧、刺激皮膚，通過經絡的傳導作用，傳至體內，激發並調整體內紊亂的生理功能，使之協調一致，增強人體抗病能力。抓痧，能祛邪通經、活血消炎解毒，清腫解痙散結，調和陰陽，調整氣血，改善臟腑功能。

確實，我們中國人世承的抓痧療法，神乎其神！

原載於《大公報》1998年12月9日

「挾陰傷寒症」的防治

本文談的「挾陰傷寒」（以下簡稱「傷寒」），指的是男女房事過度，再洗冷水或受寒受風後所患之病。症狀爲：發燒難退，舌苔白，有時現黑點，脈象呈沉遲無力。如果誤當感冒來治，竟服清涼發汗藥，則立死。因發燒是假象，實爲外熱內寒。必須服溫熱回陽藥急救之。若延誤治療，七天後無可救。

「傷寒」跟感冒區別的簡易辨法是：當你抓起病人頭頂之髮時，如果是「傷寒」症，病者額前入髮際處會感劇痛，若是感冒，則小痛甚至很舒服。「傷寒」者脈象沉遲無力，感冒者脈浮緊或浮數。更有一種檢驗辨法，就是「傷寒」病人躺在床上後，其腰脊緊貼床板，連手掌都無法插入。

香港有許多黃色架步場所，有些男士嫖妓縱慾後，滿身是汗，又擔心有所感染，便急急去沖冷水，此招，便最易得此症。有些夫婦熱天時喜歡開大冷氣做愛，行房後又沒蓋上被子，也易受風寒入侵而得此病。

記得年輕時曾讀過一篇小說，說有個婦人背着丈夫與人偷情。丈夫知道後氣急敗壞，就心生一計，進行報復。他假裝外出，卻暗中準備一大捅井水，當妻子與相好兩情繾綣，巫山雲雨剛過時，他便衝進卧房，把相好揪下床來，一桶冷水貫頂倒下，結果那個相好竟癱瘓了。當時我很疑惑，爲何那個相好沖了冷水後會癱瘓呢？

長大後，母親給我一個秘方，我才恍然大悟，原來小說中此婦人的相好是得了「傷寒」，「傷寒」誤醫會致死，至於何以會癱？也許那只是小說，不是醫例。

母親說此方是祖傳秘方，它曾救活過許多人，希望我記住，多行善事，播馨於人。現我把此秘方公諸於世，願衆患者可得以受惠。即：

紅參一錢、肉桂一錢、胡椒五粒研粉、炒薑三片。水煎服。紅參、肉桂、炒薑三味先煎，胡椒後下。每日三次，三餐飯前服。

「傷寒」，以針灸也可治。即灸「大椎」和「風池」兩穴。因督脈乃一身之陽，「大椎」穴爲陽中之陽。「風池」爲足少陽、陽維之會，陽維主在表之陽。灸此二穴，會解表疏風祛寒，令其回陽。

「傷寒」症並非男性「專利」，女性也會患此症。幾年前，內地有位小學女教師，新婚燕爾，房事過度，後又沖洗冷水，結果受風寒甚深，發高燒不退，便送往醫院。她因羞於啓齒，隱瞞行房一事，西醫便讓她戴冰帽降溫，又打退熱針劑，旋即死亡。以後丈夫道出實情，但已晚矣，竟誤了卿卿生命！

行房乃家家常事，各位千萬不可掉以輕心，應該有節制，不要縱慾過度，事後切忌沖冷水，受風寒，最要注意保暖，切記，切記。

原載於《大公報》1998年12月11日

陽痿起因及施治

陽痿，指的是陰莖不能勃起或勃起不堅。陽痿病人很多，究其原因有：

一、因糖尿病、高血壓長期服藥而受抑制致痿；

二、生殖器官的器質性病變，如生殖器官的畸形，因受傷致神經損害或海綿體肌損害；

三、因年齡老了，自然衰退；

四、手淫過於頻密；

五、縱慾，尤其一夜行房多次者；

六、長期停止性生活，「用進廢退」，引起大腦皮質對勃起有所抑制；

七、工作、學習過度緊張，令脊髓中樞機能紊亂。

我在臨床實踐中，除第一點因病服藥受抑制致陽痿而難於治療外，其他我都醫治過，只要堅持治療者，都能先後復原。而且上述第六、七兩類病人，以針灸治之特別見效。

中醫認爲本病的主要原因是「心脾損抑」和「命門火衰」。臨床表現可見，陰莖痿軟或勃起不堅，若伴有心煩、夜寐不安、神疲、面色痿黃、胃納不佳者，爲心脾損抑；若伴有面灰頭暈、目眩、神疲腰酸、脈沉細無力者，則爲命門火衰。

施治原則，以溫補命火爲主。手法應用補針。我的針灸處方爲：

命門火衰：針灸腎俞、命門、氣海、關元、足三里、三陰交。

心脾損抑：針灸腎俞、命門、關元、蠡溝、神門。

方中穴位除針以外都得施灸，命門只灸不用針，足三里是強壯要穴，蠡溝雖屬足厥陰肝經絡穴，但脈結於陰莖。

在我所醫治的病人中年齡最小的是二十三歲，最大的是七十歲。二十三歲的青年因與女友太濫情了，連續做愛多次，而令自己陽痿。七十歲的是自然衰退。雖然《類証治裁》謂「男子二十八而精通，八八而精絕」，但隨着時代之文明進步，六十四歲男士仍雄風尚振，七、八十歲的男人尚可人道。有幾位中年人原無子室，經針灸後不僅房事正常，還育了男娃。中藥治陽痿，可服「培元湯」，待能舉有力後再服十全大補丸而鞏固之。

西醫把陽痿症分兩類，即心理性陽痿與器質性陽痿。心理性陽痿通過心理輔導治療。而治器質性陽痿則在陰莖海綿體內注射罌栗素（PAPAYERINE）。據研究報告，器質性陽痿病人的陰莖海綿體的血液入口都是阻塞的，注射罌栗素後，平滑肌鬆馳，阻塞處開放，血液容易進入海綿體，就能使性能力恢復。

原載於《大公報》1998年12月16日

針灸治虛損症有奇效

虛損症即臟腑虧損、元氣虛弱所引起多種慢性病的總稱。凡先天不足，後天失調、久病失養、積勞內傷等都可以出現虛損證候。這些病人多是雙目無神，唇白面青，腳痠手軟，慵慵然提不起精神。因長期跟藥罐子打交道，西藥服了太散，中藥服之又虛不受補，眞是苦不堪言。

在長期臨床實踐中，我認爲在虛損症病人的背部臟腧穴上施針加灸，療效最佳。

劉先生，四十多歲，是位修理冷氣機的師傅，兩年來常覺全身痠痛，四肢無力，中西醫均治過，皆無濟於事，按摩桑拿也只圖一時舒服，並無實效。他因身體虛弱，多單生意都被自己推掉，似對前途失去信心。曾幾次萌起自殺念頭，都因顧及兒子沒成人而苟且度生。整天死頂硬捱，有苦自己知。後經人介紹，來我處求診。

我爲他號了脈，心肝脾肺腎俱虛，這是因積勞內傷所致。我便在他背上針了肺俞、心俞、肝俞、脾俞、腎俞，加上足三里，因爲足三里是強壯要穴。然後再用神燈照射。經過二療程以五臟爲中心的調理氣血，他便身健力壯，精神奕奕了，竟與初診時判若二人。

邱先生，二十多歲，外型粗壯，但徒有其表。初診時，只見臉色蒼白，兩眼納呆，唇白乾裂，自言呼吸困難，體虛頭暈，脾胃痞滿，經常便秘。曾四處問醫，起碼向二十多位中西醫生求診過，但俱無效。據了解，主要是先天不足，他母親四十多歲才生下他，故小時體質虛弱，時有哮喘。問及工作情況，答是油漆工人。首先我建議他轉行，因爲油漆工常接觸的化學物如苯類等對他的肺很不利。治療中，又用臟腧穴針灸之法，從陽引陰通調全身氣血，以利其正氣，扶正祛邪。我雖常用針灸臟腧穴治病，但注意認眞辨證，按其具體病證，決定其針灸臟腧穴的主次。因其病在上焦、中焦，所以針肺俞、脾俞爲主，而且他常眩暈，又針肝俞、腎俞，常便秘，又加針灸中脘、支溝。經過二療程針灸後，他兩眼炯炯有神，渾身充滿活力，而且當了三行主管了。

陳小姐和黃太都很年輕，陳小姐是陪母親來醫中風的，黃太是陪丈夫來醫坐骨神經痛的，但她倆也同樣都是臉青唇白，無精打彩，缺乏年青人應有的朝氣。香港人的生活概念：時間就是金錢，何以她們有閒天天陪親人來治病？心生疑惑。問之，原來陳小姐本在銀行工作，黃太是位收銀員，但都因身體虛弱，神不守舍，無法堅持工作，只好辭職在家。後來，我也針她們的臟腧穴，漸漸地，倆人的臉色都轉爲紅潤，眼亮身輕，十多天後，就神采飛揚走上工作崗位了。針灸臟腧治虛損諸症，正合符「治病必求其本」的原則，「五臟者，所以藏精神氣血魂魄者也」，通過調理五臟，便可達到扶正固本之效，信然。

原載於《大公報》1998年12月18日

陽强少見亦可醫

記得五年前，有個青年打電話到醫館，詢問道：「醫生，你能醫陽痿，但我卻是患陽具不倒，你能醫嗎？」素聞男性患陽痿症的較多，而患陽強症的確是較少。我雖知其病理，亦知治療方法，但卻從未醫治過，故答：「不醫。」

誰知那青年卻索址來了，見他痛苦無奈的表情和誠懇的態度，便試着來醫他。此君約三十來歲，身體略胖，精神不錯，舌紅苔薄黃。自述以往體健，只是近月來，不分晝夜，其陽具持續不倒，時有精液流出，但無射精快感。陰莖脹痛難受。行房後也仍然勃起不倒。三餐飲食如常，二便尚通。此此乃陽強症，因陰虛陽元，相火妄動，必須清泄相火，滋補腎陰。因爲我曾拜讀過王樂亭教授的「臨床醫案」，便採用他多年總結經驗，用三棱針點刺「湧泉」穴出血，再針太溪、內關、神門三個穴位、針刺四次。症狀果基本消失，後又來針三次，以鞏固療效。眼見針效之神速，實令人嘆奇！眞是「千方易得，一效難求」，因一般醫生所選針灸的穴位乃氣海、關元、三陰交、內關等，但其療效不明顯。王教授能博採衆長，少走彎路，獨覓新穴而見神效，使我更理解到不斷學習和探討的重要性。

用三棱針點刺出血，配太溪壯腎水而抑相火，引火歸元；內關、神門清心火、安神定志。心者君主之官，主神明，主明則下安；心屬火，腎屬水，心火下濟，腎水上承。本方水火相濟，使之心腎相交，故縱挺自收。

陽強症，指的是無性慾和無性刺激情況下陰莖異常勃起，持續較久，甚至舉而不衰的病證，又稱強中。部分患者可見陰莖或睾丸腫脹疼痛，嚴重者令排尿困難乃至無法排尿。此病多發生於十六歲至五十歲左右性活動盛期。此乃陰虛火旺、肝火濕熱下擾精室所致。此症於中醫學文獻中早有記載，如《靈樞・經筋篇》稱爲「縱挺不收」，《諸病源候論》稱爲「莖長興盛不萎」，《千金要方》稱爲「強中」，《本草經疏》名爲「陽強不倒」。此症多發生於性慾強且嗜酒之人。由於情慾不節，交會無制，陰精虧損，則相火易動。腎陰虧虛，陽不能藏，則陰莖挺而不收，心腎不交，精關失職，而出現遺精陽強。加以平時好酒貪杯，恣食辣燥厚味，積濕成熱，濕熱下擾精室，使腎陰暗耗，相火熾烈充斥肝經。肝主筋，足厥陰肝經，循陰器，又是宗筋所聚之處，水不養肝，肝火不解，肝鬱氣滯，氣滯血瘀，故陽強不倒，能張不能馳。

中藥也可治「陽強」，先治標復治本。即先瀉肝火，再清下焦濕熱。方爲龍膽瀉肝湯，酌加桃仁、紅花以活血化瘀。後再滋陰降火，寧神爲主，乃服六味地黃湯加牡蠣、龍骨以滋陰補腎潛陽，得效再收功。

原載於《大公報》1998年12月23日

更年期表現與治療

我喜歡研究玄學，奇怪的是，在許多人的夫妻宮中常載有「中限期間，防傷剋」，「中限之間，防暗沖」、「四十交進，謹防口舌」，爲什麼不同命運的人竟有如此相同之處？聯繫醫學，我恍然大悟，原來是更年期作祟。

更年期症發生於中年期到老年期之間。更年期症並非女性的「專利」，男性同樣要過這一關。只是女性在絕經前後，性激素分泌失調，會出現一些與絕經有關的症候群，表現得更明顯些。更年期因人而異，不是以年齡劃界限，有的人三十八歲就開始，有的人直至五十多歲才發生。更年期症維持的時間有長有短，有的延伸達八年之久，有的僅數個月而已。女性多表現在絕經前後。

更年期會出現一系列疾病，如頭痛、耳鳴、頭暈、發燒、面部潮紅、浮腫、多汗、煩燥、易怒、愛吵、多思多慮、憂鬱、多疑、愛囉嗦、健忘、尿頻、骨痛等，女性更出現月經不調。但這些症狀並非同時到來，而只是患有其中一、二種。其症有輕有重，有的人甚至並不覺得自己有過什麼更年期症狀，而嚴重的患者會整天想死，乃至會莫名其妙地大哭。據我觀察，更年期症的輕重與其人的經歷有關係，一般說來，前半生順利快樂，爲人樂觀豁達的，更年期短其症也輕；而前半生辛勞挫折多，爲人多愁善感的，更年期長而其症也重。更年期症可以按其不同症狀施治。

實業家袁先生，四十多歲，平時龍精虎猛，記性特強，富有活動能力，是商場的健將。因更年期影響，竟患上輕度自閉症，總怕講錯話，不想接觸人，心悸怔忡，失眠、健忘。我便爲他針灸治療，主要針內關、神門、心俞穴，服歸脾湯，並跟他談如何戰勝更年期，凡事要看開些想化點，保持心境開朗，達觀人天一境。醫了二個療程後，症狀便基本消失。

林女士，原是女強人，精明能幹，做事果斷有魄力，富有領導和管理能力。因年少受苦甚深，生活也多挫折，商海波濤，令其身心交瘁，更年期竟長達八年之久。開始是自閉症，後期煩躁、易怒，尤其專對丈夫一人泄憤，愛陳年舊事天天數落一番。自述後來經廣州胡醫生診治，服了十幾劑中藥漸漸復原。其症主要是腎陰虛，肝火旺盛，必須滋腎平肝。其方爲：熟地十五克、白芍十五克、旱蓮草十五克、山萸肉十二克、女貞子十五克、杞子十五克、棗仁十五克、牡糲三十克、知母十二克、鬱金十五克。又見她脾虛浮腫，方中又加白朮、淮山各十五克、雲苓二十克。更年期是人生必經之路，但只要給患者多點愛心和關懷，尤其夫婦間宜多關愛溫存、體貼、諒解，自是妙方良藥，更年期也可不醫而癒。當然，及時治療也可以縮短病期，早日復原。

原載於《大公報》1998年12月25日

三種便秘及治療防患

前幾天的新聞報道中曾有一則「中年漢便秘暴斃」的消息，說一名患有嚴重便秘（糞塊塞嵌症）的中年男子，在家中如廁良久仍未能排出大便，飲鮮奶及用甘油都無效果。之後在房間突然暈倒，送院後證實死亡。

記得去年也曾有一名退休小巴司機，因嚴重便秘，用甘油條協助也無法排出大便。有時要用通廁泵的木柄插入肛門，擴張肌肉以方便糞便排出。但在一次用同樣辦法排便時，卻發生意外，不慎跌倒後終受傷不治。

便秘，在現代都市中是非常普遍的病症。便秘是以大便秘結不通，排便時間延長，或欲大便艱難不下爲主要表現的病症。臨床一般表現爲大便次數減少，經常三至七天才能大便一次。原因是七情所傷，飲食不節，勞倦內傷，溫熱病或產後失血，年高體衰，陰寒凝結等導致胃腸失和，大腸傳導失司而致便秘。

便秘分氣秘：熱秘和虛秘三種。氣秘，以噫氣頻作、胸脇痞滿、腹脹痛爲特點，治療原則爲，消潰導滯，疏通腸腑、可服黃連湯；熱秘，以面赤身熱、口臭唇瘡、尿赤爲特點，治療原則，清熱通便，可服小承氣湯或防風通聖散；虛秘，以面色蒼白，神疲氣怯，尿清肢冷爲特點，治療原則，補中益氣通便，可服麻子仁丸或潤腸湯。

我也曾用針灸治癒過許多便秘患者。其主穴爲：支溝、陽陵泉。配穴：氣海、天樞。方法：強刺激，不留針；主穴天天針，配穴輪流針。

歐先生，三十多歲，患便秘多年，苦不堪言。我察其症狀，屬熱秘，除針灸外，又讓其服小承氣湯，針藥一療程，大便暢通了。至今已三年未患。

這裡我介紹一個簡單有效的敷藥療法。即活田螺三、四個，除去外殼，和食鹽三、四粒共搗爛，敷在神闕穴（肚臍）上，半小時到一小時後除去。此法可用於各種原因所致的便秘和腸麻痺，有良好效果。民間食療法,清早空腹喝馬鈴薯生汁,會令大便通暢。

偶爾便秘者也可用彈筋法。即手握住大腿根部內側大筋（股內收肌群），用力彈動，每側二、三次，病人感腸鳴增強，即可排便。便秘患者飲食宜清淡而富於營養，要多吃蔬菜，、水果、麻油、蜂蜜等。

對於便秘伴有劇烈腹痛，腹脹、噁心嘔吐、發熱等患者，便要警惕了，可能是急性腸梗阻。其疾多由腸腔內、外各種致病因素如蛔蟲、結石或腸套、絞窄性疝、腹腔或腸壁腫瘤，以及神經功能失調引起腸麻痺，腸痙攣等，乃致腸內容物不能正常通過腸道排出體外，是屬於外科急腹症。應早期前往醫院檢查，以免延誤病情。

便秘，雖爲常見病，但也不可掉以輕心。

原載於《大公報》1998年12月30日

「阿是穴」的發現與臨床應用

要認識針灸中的「阿是穴」，得從經絡說起。經絡，是人體內運行氣、血、津液的網絡，其經緯縱橫，把人體所有內部器官、筋肉、骨絡等組織緊密地聯絡成一個統一的整體，主要有十二經脈和奇經八脈。《靈樞·經脈篇》說：「經脈者，所以決生死，處百病，調虛實，不可不通。」要通經絡，靠的是穴位，較常用的針灸穴位就有七百六十多個。當然，穴位數目遠不止於此。「阿是穴」並不屬於十二經脈和奇經八脈中的特定穴位，而是病患者體膚上的最痛反應點。

「阿是穴」是隋唐名醫、藥王孫思邈首先發現的。孫思邈七十歲那年，青石村有位陳老大病得十分嚴重，大腿疼痛難忍，昏死過好幾次，但家徒四壁，窮得揭不開鍋，當然請不起醫生。當鄰居李老五告訴孫思邈這個情況後，他二話沒說，便帶上一囊藥，裝好了金針就上路。在李老五陪同下，他拄着拐杖走了三十里羊腸小道，爬過兩座山，翻過三條溝到青山村陳老大住的窑空缺洞。只見陳老大躺在床上奄奄一息，他見之馬上進行急救。此時，陳老大漸醒，見名醫正爲自己治病，非常感動，想坐起來道謝，誰知一動彈，大腿如刀割似地疼痛，孫思邈同情地制止他，叫別動，安慰他說：「只要止住了痛，再服幾劑湯藥，就會好了。」說着，就給陳老大扎止痛針。但針拔出來後，仍然痛得發抖。孫思邈連續選換幾個止痛穴位，還是不見效。孫思邈思慮一陣，便問陳老大哪兒最疼，病人有氣無力指着左邊大腿。孫思邈便用拇指沿着他的大腿一路按下去，當他按到某一個部位時，陳老大突然痛得大叫：「啊——是——是這兒！」

孫思邈將針扎了下去。病人的臉色漸漸舒展開，高興地說：「孫醫生，你這一針眞神呀，針一進，我渾身一酸麻，就不那麼疼了，這叫啥穴呀？」孫思邈笑道:「你剛才不是說『阿——是——』嗎？就叫「阿是穴」好了。從此，針灸穴位中就多了這一個名稱。

如今，許多醫生都愛針「阿是穴」爲人治病，我也曾用「阿是穴」醫好了許多病。筆者認爲，一種痛症的「阿是穴」不止一個。如有人撞車受傷，或跌倒損傷，其便可能有幾個「阿是穴」。針「阿是穴」，其也眞神，確乎如此。記得前年某一個上午，友人帶金小姐到醫館找我，金小姐哭喪着臉對我說，她是拉小提琴的，今晚要參加演出，不幸今晨醒來，肩胛窩有一處痛得要命，無法拉小提琴了。這次演出，對她太重要了，要我設法盡快醫好。我便找到「阿是穴」扎針下去。當我運針完畢把針拔起時，她卻驚喜地舞動手臂大叫：「奇怪，全好了！」又作拉琴狀，姿勢優美動人，笑容燦爛。病人高興，我也感到一種快慰與滿足。

醫聖孫思邈發現了「阿是穴」，恩留萬古。

原載於《大公報》1999年1月1日

中風有先兆　要從淺中醫

中風是指人突然昏倒，不省人事，口眼喎斜，不語失音，半身不遂等爲主證的疾病。是一種常見的急性疾病。患者大多都爲中、老年人。本證因發病急驟，病情複雜、凶險多變、有風性善行數變的特點，故名中風。本病多因虛、火、風、痰、氣、血而致。西醫稱「腦血管意外」。

「治風先治（經）氣，氣行風自熄」「氣爲血之帥，氣行則血行」，對於中風的治療，首先應重視經氣的通順。針灸的主要功能是治氣通經，經氣舒暢則血脈得以流通，血脈流通，則筋肉得養，關節滑利。所以針灸是醫治中風的最佳辦法之一。

香港居民若突然中風，首先是打「九九九」求救，病人即送進醫院。西醫治中風缺少良藥，須醫數月後方出院，仍口眼喎斜，語音不清，半身不遂，手臂屈扭不伸，五指緊握，足廢痿而踝屈曲。因此，求針灸施治的中風患者，病程綿延半年上下。按我多年醫中風經驗，都是先得把患者口眼喎斜先行牽正，接着令腳能行，手臂可自由屈伸。治手臂自如爲最難，要徹底治好，病人需要恆心、韌性和毅力。

中風初期，病人的針感不強，多能忍受針刺，其證屬實，所以多針無妨。治口眼喎斜之法，前已介紹，今不贅述。上身多針風池、肩髃透臂臑，腋縫透胛縫，曲池透少海，支溝透間使，外關透內關，合谷透勞宮，陽池透大陵，列缺透偏歷，後溪透三間，中渚透少府和阿是穴。下身針腎脊、環跳、箕下、伏兔，內外膝眼，陽陵泉透陰陵泉，足三里、條口，絕骨透三陰交，太沖透湧泉，公孫下一寸。中風患者多有垂足，要加解溪透中封；多有外翻外旋，加針糾外翻（承山穴內一寸）、商丘透照海。但這些穴位不是一次全針之，可由針灸醫師每次選數穴輪替使用。中風初期實證居多，後期則虛證屢見，應針肺俞、心俞、膈俞、肝俞、脾俞、腎俞爲主，其餘重點針之，以調理氣血臟腑陰陽。

「病從淺中醫」，若發現自己肢體麻木不仁，這是中風的前兆，就要未雨綢繆，古人說：「若中指中節麻木不用者，三年內必中風。」更有其道理。葉女士忽然發現自己半邊手腿用力捏壓毫無痛感，便致電給我。我告訴其原因，她即來針灸。開頭二、三天針之，她沒有酸麻脹的感覺，以後漸漸有了，針了八、九次後感覺強烈了，人也輕鬆起來，避過了一場劫數。中風患者溫先生告訴我，病前只覺上下樓梯不靈動很辛苦，但硬頂幹活，結果僅過三、四天就撲倒中風了。如果當時他能及時針灸，就不必受中風的折磨，乃至後來有此貽禍。

劉先生，曾忽然腿發軟，又痛得走不動，由家人陪着來針灸，我叫他伸出舌頭，舌頭歪向一邊，這是中風徵象。我即給他針灸，一療程後，舌頭漸漸正了，二療程痊癒。中風以針灸治之並早早治療，往往事半功倍。

原載於《大公報》1999年1月6日

針灸治胃脘痛有奇效

王先生，四十多歲，頗消瘦，面色蒼白無華，精神疲倦。自言患胃氣脹數年，整天不思飲食，食後胃脹滿加重，情緒低落，生氣或着急時，更感脹痛；且畏寒，睡眠不安，全身乏力。中西醫均求治過，凡別人介紹特效的藥也買來服用過，然對他的病都不起作用。他原怕打針，迫於無奈只得來試試針灸。他長嘆說：「這個鬼病折磨得我好苦呀，誰若能醫好，我當重謝他！」我對他說：「王先生，我理解你的痛苦，但重謝之話不須講，醫者多仁心，又豈爲錢來。」於是，我便爲他針了內關、足三里、中脘、章門，並加灸。手法平補平瀉，中刺激，不留針。

針灸後，他矢氣放了許多，脹痛減輕了。隨後又針了七次，他對我說所有症狀都消失了；並說，其實針灸至第五次時已痊癒，只是礙於承諾不好意思明說，也想鞏固療效，便再來二次。說罷滿臉赧紅。我笑說：「不要介意，能醫好你的病，我便深感快樂和滿足。」此後，他因感激，又介紹了多位病人前來。後來，他的胃也都沒事。

何以在內關、足三里、中脘、章門等穴位處針灸會有如此效果呢？原來，內關屬於手厥陰，通於陰維，主胃心胸之病，足三里是胃之合穴，兩穴相配，乃統治一切胃病。中脘爲胃之募，是手太陽、少陽、足陽明、任脈六腑之會，功能爲受納腐熟水谷，供應氣血化生之源而潤濡宗筋，章門穴爲脾之募，五臟所會，功能爲統血而補五臟，潤宗筋。內關、足三里統治了胃病，中脘、章門又調理了臟腑，所以會見特效。

胃脘痛，又叫胃痛，因爲它的症類較多，常見的有急、慢性胃炎，胃或十二指腸潰瘍及胃神經官能症等。中醫分爲脾胃虛寒、胃熱氣鬱、肝胃氣滯、食積阻滯、痰飲逗留、瘀血凝滯等症候群。因症候時時交叉，不易診斷，難於對症下藥。而針灸通經活絡，針以上穴位時利氣和胃，沒有副作用，無須嚴格辨證，根據「不通則痛」原理，只要能打通相應經絡就行，所以容易奏效。

我用這個針灸配穴方醫癒過許多不同類別的胃病病人。當然，也可以此爲主，靈活對症加減。如脾胃虛寒加灸脾俞、胃俞、關元；痰濕水飲逗留加灸巨闕，加針豐隆、陰陵泉；瘀血凝滯加膈俞、三陰交、公孫；胃熱氣鬱加陷谷、內庭等。

胃痛發病原因有多種，如化學品或物理性刺激；細菌毒素作用；暴飲暴食或長期吃刺激性食物；或精神緊張不安，致高級神經活動的機能受障礙，使胃酸分泌過多等，凡此種種，均可引致胃粘膜受刺激，平滑肌痙攣，胃腸功能紊亂等。

預防勝於治療。要預防胃痛，我們平時要注意起居飲食，勞逸結合，常保心情歡悅，若能如此，對於胃之機能健全和保養大有助益。

原載於《大公報》1999年1月8日

補腎很重要　防患於未然

據報道，目前香港有一千零五名病人在等候換腎。過去三年，因供腎不足，平均每年只能做到六十至七十宗腎移植手術。現在，廣州醫院的腎臟「供應」比較充足，大約三個月內可輪候到換腎。香港洗腎的人更見其多，前些日子某醫院因洗腎機故障還死了人。而且洗腎、換腎都需要一筆不菲的費用。

腎爲「先天之本」五行屬水，與膀胱、骨、髮、耳、二陰等構成腎系統。它有很重要的生理功能，它藏精，主生長、發育和生殖；腎主水，它的氣化功能在維持體內水液代謝平衡方面發揮着極其重要的作用；腎主納氣，它有攝納肺吸入之氣而調節呼吸的作用；腎在志爲恐，在液爲唾，在體爲骨，主骨生髓，其華在髮，在竅爲耳及二陰。

腎病多指腎痛，但腎痛有別於一般的腰痠背痛，它时常伴發噁心嘔吐。常見腎痛有腎和輸尿管結石、腎臟和腎周圍炎症、腎結核、腎腫瘤、腎下垂等。如果不及時治療，到了晚期，就會產生慢性腎功能衰竭。因腎臟排泄和調節功能失常，出現代謝紊亂及內環境失去恆定狀態，最後便形成尿毒症。西醫治療就要採取洗腎或腎移植來挽救生命了。

中醫治療腎病，有服中藥和針灸二法。廣州越秀區中醫雜病醫院院長黃振鳴醫師，就用中藥內服配合灌腸、離子導入法，醫好了原要腎移植的加拿大籍華人鄭某等人。

腎痛也可以用針灸療法。施治原則：疏泄水道，清利濕熱。可針腎俞、三陰交、志室、太溪。腎俞、志室同爲腎臟之背俞穴，解疏泄腎氣，通利水道；太溪爲足少陰經原穴；三陰交能治少腹及泌尿系疾患，用以加強療效。

有人以爲他沒有腎區痛，就沒有腎病，可以高枕無憂，其實不可太樂觀，因爲尚有腎虛症。

腎虛症臨床表現爲內熱、眩暈、耳鳴、聽力減退、健忘、甚至變得呆傻、腰膝酸軟、遺精、形寒肢冷，小便不利或小便清長、頻數、水腫；男子陽痿早泄，女子宮寒不孕，老人骨質脆弱易折，頭髮枯乾易斷等。對於腎虛，應該及時治療，否則也會導致慢性腎功能衰竭。

有道是「虛則補之」，補腎中藥很多，如熟地、山茱萸、芡實、山藥、巴戟、肉蓯蓉、鹿茸、菟絲子、補骨脂、覆盆子等及成藥六味地黃丸、金匱腎氣丸、至寶三鞭丸等。

其實食療也能補腎益精助陽。今介紹一味饗衆，尤適合陽痿精虛、腰膝冷痛、尿多的患者。即：肉蓯蓉煲羊腎。肉蓯蓉切碎，羊腎洗淨切片煲湯調味服食。

補腎很重要，防患於未然，君當自知。

原載於《大公報》1999年1月13日

針灸治足踝扭傷有良法

足踝扭傷是十分常見的事。有的人從高處跳下，有的人因路不平不慎扭傷了足踝，致筋傷血瘀，疼痛難行。

一般人跌撲撞傷，第一個念頭就是找跌打醫生，孰知針灸舒筋活絡更加見效。中醫理論有道：「不通則痛」，打通了經絡，自然就止痛了。據西方醫學界研究，針灸之所以止痛一流，是因爲我們每個人體內都有個「藥庫」，當針刺入某穴位，刺激了感應點，「藥庫」即送嗎啡來。以此類推，患了某種病，只要刺激其相應的感應點，「藥庫」自然也會送藥來醫治的。這也許是有人患病無藥自癒的奧秘，即所謂免疫力強。

足踝扭傷一般都兼外旋。我多年臨床經驗中總結了針治足踝扭傷一方，效果很顯著，即針腎脊、環跳、殷門、承間、糾外翻、（承山穴內一寸）承山、解溪、太溪透昆侖。手法：平補平瀉，強刺激不留針。如果是新患，三、四次即能行走自如。我用此方醫過許多人，療效都令人十分滿意。

爲什麼方中要針腎脊呢？因爲腎脊又名命門夾脊，奇經穴，可醫下肢癱瘓，又符合針灸遠近配合的原則。以我經驗，凡下肢病，配腎脊效果更佳。

前幾年，陳女士因不慎扭傷了足踝，由她丈夫攙扶着來我醫館求醫。表情痛苦而氣急。因爲過兩天她就要跟丈夫一起參加旅行團到東北看雪景溜冰，誰知一個趔趄，卻扭傷了足踝，痛得直沁冷汗。我便扶她上床，採用這個針灸處方爲她施治。針完，她覺得痛症減輕了許多，能下床行走，只是下樓梯時足底還有點痛，翌日，又來針一次，第三天就乘飛機飛往東北大連。返港後致電給我，感謝我令她旅途快樂，能跟團友們一起滑冰、堆雪人。

前年，有一位高女士從工廠下班回家，因疲勞，精神有點恍惚，下石階時不小心扭傷了足踝，痛不能行，由同事送到我醫館求診。我也以那處方針灸之，她頓覺舒服輕鬆多了，竟能拐着回家。第二天收工後又來針之，第三天基本痊癒了，再鞏固一次。她高興地致謝說：「謝謝您的神針，這麼快就醫好我的足。我總擔心上不了班，沒了勤工獎呢。」

民間也有許多秘方能治癒足踝扭傷病的。記得兒時我曾扭傷了足踝，痛得走不動，母親就用番薯粉和醋攪勻後，放在鍋裡煮成糊，熱敷在我足踝處。漸漸地痛楚減輕了，但足卻腫得像大包，一按，陷個很深的印，但能勉強行走。十多天後，腫消傷癒了。腫是此藥治療過程中必經的環節，不知者往往緊張得又到處投醫。但中醫經驗皆知；「有效不更方」！生薑和紅糖搗後敷在痛处，也很有療效。

原載於《大公報》1999年1月15日

流感肆虐　認真對付

近來由於天氣變化大，流行性感冒乘機興風作浪，台灣傷風感冒人數劇增，七天時間中有近八萬人大傷風。引起這波感冒的爲A、B型流行性感冒病毒，比一般感冒的症狀要嚴重，尤其對老年人和重患者危害性較大。而在內地，五年一次的流感高峰已經爆發，這流感病毒名爲H3N2甲型流感，是新變種流感病毒，於去年十一月底從哈爾濱開始爆發，稱爲哈爾濱流感。它由北方向南方移動，蔓延至瀋陽、北京、天津、武漢、上海，今已侵入廣東，有侵襲香港之虞。

A、B型流感表現爲咳嗽、流鼻水、發燒、頭痛或肌肉酸痛，B型還偶爾會有腸胃不適。此種流感中西醫都有藥物治之。哈爾濱流感除了一般感冒病徵外，還會出現乾咳和關節痛的徵狀，亦會有病人因此感染併發症而死亡的個案。專家認爲，目前仍未有預防這類哈爾濱變種流感的疫苗，亦沒有適合的抗生素或藥物根治此病。

專家說由於哈爾濱流感病患者持續發熱一星期後會自動康復,即若能令其迅速退燒，此流感就會痊癒。可根據中醫異病同治的原理，以感冒證候對症下藥或針灸，筆者以爲能有療效。中醫在長期治療感冒方面積累了豐富的臨床經驗，根據感冒臨床表現風寒型和風熱型組成了許多方劑。如風寒型方劑有麻黃湯、桂枝湯、桂枝加葛根湯、桂枝加厚朴杏仁湯、大青龍湯、小青龍湯、射干麻黃湯、荊防敗毒散、人參敗毒散、九味薑活湯、五物香糖飲等。風熱型方劑有麻杏石甘湯、麻黃連翹赤小豆湯、清瘟解毒丸、柴葛解肌湯、銀翹散、桑菊飲、葱豉結梗湯等。醫生可根據其病情選方並加減。

針灸施治原則以解表疏風清熱爲主。穴位爲風池、大椎、肺俞、曲池、合谷，而且一定要加灸，因爲感冒病係風邪外襲、肺氣失於宣降而致，用艾灸，驅風邪爲最宜。

筆者多年在治流感臨床實踐中，自創出一套安全、可靠、爲病人樂於接受的辦法，即推火罐加艾灸治療法。首先用火罐拔大椎、膏肓、命門。接着用艾條灸百會和風池。然後在病人背上塗上維克司膏，用火罐推整條椎脊，再從椎旁穴沿腧穴推到白環腧，又順着肩胛骨內沿推。火罐來回反覆推移，直推到皮膚紅紫。一般醫一、二次即癒。此法屢醫屢見其效。如果哈爾濱流感侵襲香港，大家不妨照此法施治，再對症服藥，也許果能征服新變種病毒的肆虐。

施治時，醫者和旁人一定要戴上口罩，以免傳染。感冒的病人忌喝濃茶，因爲茶葉裡的茶鹼會提高人的溫度。要多喝水，以幫助毒素的稀釋和排出。

原載於《大公報》1999年1月20日

耳聾可醫不可放弃

前個月在某雜誌上看到報導影視明星蕭芳芳事跡的文章，讀後十分感動。她聽力低，但堅持演戲、讀書，現在還如願當上了心理醫生。她堅韌不拔爲理想奮鬥的精神促使我寫了這篇文章，希望同患者讀後有所裨益。

耳聾是指聽覺功能喪失，輕者爲重聽，重者爲耳聾，耳聾係多種原因引起的，分先天性耳聾和後天性耳聲兩類。先天性者由於遺傳、近親結婚、母體妊娠期間患風疹或藥物中毒等。後天性者多因外傷、中耳炎、傳染病（麻疹、流腦、傷寒、高燒、抽搐）和神經性紊亂引起的。中醫認爲耳聾有虛實之分：由肝膽火旺，挾痰濁上擾所致的屬「實」；因腎虛虛陽上潛所致的屬「虛」。

耳聾可醫，千萬不可放棄治療。

針刺療法，施治原則：以育陰潛陽爲主。主穴：翳風、風池、中渚，肝膽火旺者可加行間、豐隆；腎虛者，可加腎俞、太溪。

中藥治療法。實證服金銀花三十克、連翹十五克、板藍根十五克、升麻六克、水煎服。外用：鵝不食草二份，薄荷一份，麝香少許。共研爲細末，吹鼻中。虛證，包括遺傳、年老等因素所致。熟地三十克、黃芪十五克、當歸九克、桑寄生、秦艽、甘草各六克，水煎服。外用：安息香、桑白皮、阿膠各四十五克，朱砂（研末）1.5克，巴豆、蓖麻仁、大蒜各七個，研爛，與藥末和勻揑棗核大，每用一枚塞耳中。

祖國醫學有許多秘方十分神奇。記得兒時有位號稱「耳聾嫂」的鄉親，每年初一必到我家拜年，因她聽聲不聰，每次祖父母跟她交談都要大聲喊叫。一九五七年正月初一，她又來賀年，我祖父仍大聲跟她講話，她笑說：「伯父，我耳不聾了，小聲講話我都聽得很清楚。」她從小聽力低微，二十多年了，何以突然開聰？我媽一貫愛好收集秘方，便究其原因。她說有人教她吃豬心炖葱白，吃了十幾個就不聾了。其方是豬心一個（不要剖開），葱白十三根（一寸多長），用法是把十三根葱白塞進豬心內，然後把豬心放在炖罐裡，倒進開水隔水炖一個鐘頭，吃時豬心可切碎和葱，湯一起服下。

一九五八年我胞弟因出麻疹發高燒竟聾了耳，我媽急用此方醫之，只服三個豬心，就恢復了聽力。我從小重聽，連家裡大時鐘的的嗒聲都聽不見，尤其是左耳，連聽電話都有困難。後斷斷續續服了幾個豬心炖葱白，至今聽覺仍很淸晰。據記載，生菖蒲汁滴耳，治病後耳聾亦有效。

當然，有的先天性耳聾或後天破壞性嚴重的失聰，則難於醫治。如果耳膜破裂，西醫則可以補之。

治耳聾的方法很多，應積極治療，大膽嘗試。

原載於《大公報》1999年1月24日

醫治尿瀦留有妙法

尿瀦留，又叫癃閉，指膀胱有尿，但不能隨意排出。其中以小便不利，點滴而短少，病勢較緩者爲癃；小便閉塞，點滴不通，病勢較急者爲閉。臨床表現爲下腹滿悶，小便不通，少腹急痛，恥骨上區有膨隆的腫物，按之有波動，及煩躁不安等症狀爲其特點。多因外感六淫，飲食不節，房勞過度等導致氣火鬱於下焦或濕熱蘊結，脈絡瘀阻，以致膀胱通調失司而成，多爲實證。

施治原則：通閉利尿，行運下焦，調節膀胱。針灸成方有二組：

一、腎俞、次髎、關元、三陰交

二、膀胱俞、中髎、中極、委陽

中強刺激，用持續運針法，每天可針治數次，此二組穴可交替使用，直到排尿。因爲腎和膀胱相表裡，取腎俞以利膀胱之氣化，取三陰交統調三陰經經氣，以行運下焦，關元乃足三陰、任脈之會，培腎固本。次髎、中髎均屬膀胱經，作用同膀胱俞，委陽爲三焦之合穴，中極爲膀胱之募穴，均有調節膀胱的作用。

祖國醫學十分神妙，記得二十多年前，家鄉有位婦人因尿瀦留煩躁得從床尾滾到床頭，呻吟不已。其家人見她痛苦如此，便來求救於我叔父。叔父精於針灸，常爲鄉人義務施治，我倆也經常切磋針術。他馬上拿了針盒前往，我也跟隨。只見他用寸半銀針各在病人的雙腳相當於三陰交穴部位沿皮向上針刺，然後用膠布把針固定住。只見病人情緒慢慢安定下來，不到半小時，病人就小便通暢了。叔父告訴我，他已用此法治癒了不少尿潴留症的人。其特點爲簡單、安全、無痛。訣竅在於毫針沿皮下平刺後應沒有酸、麻、脹、痛等感覺便行。

前幾年我返鄉去某醫院探病，友人躺在病床上，下身插着輸尿管，但因癃閉，臉彆得通紅，煩躁得要扯斷吊葡萄糖的導管。恰好我帶着針具，見狀，便按叔父的辦法爲她在腳上沿皮扎針。漸漸地她安靜下來了。不久，輸尿管裡有了尿液，漸漸地流滿尿袋。

民間也有秘方醫尿潴留的，如下四法可試。

一、小便不通者用甘遂粉三克混独头蒜泥敷在肚脐，不久即通。

二、大葱三根，車前草三株共搗爛敷臍上。

三、明礬、白酒不拘量。先選明礬一塊，將酒倒入碗內，用明礬在酒內磨研約五分鐘，同時用手蘸着礬酒，在患者臍部揉約十五分鐘。若病人有酒量，也可內服，加強療效。

四、小兒尿潴留，可將生大葱六十克（去葉留白及鬚根）和生薑十五克共搗爛成餅狀，放鍋內加熱，灑酒水少許以助蒸氣，翻炒至很熱即取出，放手巾上包好，外敷關元穴，使其辛熱透約五十分鐘後，尿液通暢而癒。

原載於《大公報》1999年1月27日

交合精脫氣絶急救法

男女間因交合而精脫氣絕，俗稱「暴脫」、「脫陽」，此乃男子素稟虛弱復加疲勞過度，女值新婚燕爾，性生活過頻，以致元氣過於損耗而虧脫。此病不僅可發生於新婚之夜，還見於夫妻久別重逢之時。凡由於男子過度興奮，房事過亢，都有可能發生。發病時患者突然全身顫抖，面色驟然蒼白，精瀉不止，旋即暈厥。並有呼吸短促，脈搏細微，全身濕冷，或手足抽搐等表現。不急救，則大命危殆矣。

其實，不僅男子會「暴脫」，女性也同樣會致禍，因時下潮流，男女都參加社會工作，性觀念較開放，女子在疲勞時交合過於亢奮，如果體質虛弱，也會虛脫，陷於昏迷，便危及生命。

因爲此症來勢兇猛，又正處於快樂的情景中，毫無思想準備，且當事人礙於羞怯，又多會張惶不知所措，故危害不淺。

筆者在內地時，曾聽到一則新聞，某縣有對青年夫婦，正月初一淸晨猶兩情繾綣在床上，因房事過於亢奮，以致男的「暴脫」了，女的便大喊救命，家裡人破門而入，因尚有點醫學常識，令他倆仍抱着，一起抬到縣醫院急救，惜因延誤了時間，男的竟不幸終成了風流鬼。其實，事發時如果能保持鎮靜，並採取緊急措施，就可避免這場悲劇的發生。

男女交感，樂極生悲，脫精暈厥時，千萬不可驚動並下床，應照樣抱着急救：男昏迷，女方應急咬男方「人中」穴，對方痛極精乃自止。繼而女應以口哺送其熱氣於男方口中，便可醒矣；或他人以嘴猛咬昏迷者的腳後跟（太溪穴和昆侖穴），也可立醒。女脫，男亦應急咬女方「人中」穴，並以口哺送其熱氣，一連呵數十口，直至回陽止，然後再灌以「人參附子湯」。

「暴脫」屬心氣虛衰，由於心氣根於腎氣，因此其病變屬於少陰心腎。發病機理是氣隨精脫，故應益氣救脫。「人參附子湯」，其方爲：人參三十克，附子十五克（炮），水煎服。人之陽氣將脫，非用大劑回陽固脫不可，故用大溫大補之法。人參爲甘溫之品，大補元氣，附子大辛大熱，溫壯元陽。藥雖簡，功效大。願君謹記之，可救人於垂危之際。

原載於《大公報》1999年1月31日

三類坐骨神經痛的治療

坐骨神經痛是指坐骨神經通路及其分布區內的疼痛，是臨床上常見的病症，也是我醫得最多的病症之一。它有原發性、繼發性和反射性三種類型。

原發性坐骨神經痛，是坐骨神經本身發生的病變，多與感染有關，受冷，常爲誘發因素，是屬於中醫「痺症」範圍。由於風寒或風濕之邪客於經絡，經氣阻滯，不通則痛。若風勝則疼痛呈游走性，寒勝則疼痛劇烈，應及時治療，比較易癒。如果拖延時間久了，則氣凝可以導致血瘀，病邪固着，更使病勢纏綿難癒。臨床表現，沿坐骨神經通路，即腰、臀、大腿後側、小腿後外側、足背等處發生放射性、燒灼樣或刀割樣疼痛。行走、咳嗽、打噴嚏、彎腰、排便時更加劇痛。繼發性坐骨神經痛，是因該神經通路的鄰近組織病變引起的，如腰椎間盤突出症、脊椎關節炎、椎管內腫瘤以及骶髂關節骨盆等部位病變，產生機械性壓迫而致。臨床表現，若壓迫腰部的壓痛點，往往可使疼痛向下放射。

反射性坐骨神經痛，是由於背部的某些組織遭受外傷或炎症的刺激衝動，傳入中樞，反射性地引起坐骨神經疼痛。如果屬反射性疼痛則在病變部位可查得到壓痛點。

我以爲坐骨神經痛用針灸治療最見效。鄭先生患右坐骨神經痛，因商務忙碌，延誤治療時間，氣凝血瘀，病情嚴重，臀部如錐鑽似地痛，連坐廁都痛得沁汗，小腿肚堅硬如燒灼。這時才緊張起來，四處求醫，中西醫治了近半年未見其效。以後來我處針灸，我便以疏導經氣爲主，爲他施針。主要針穴：腎俞、腎脊，環跳坐骨、承扶、殷門、委中、承山、外膝眼、陽陵泉、足三里、湧泉、阿是穴。經過二療程針灸，基本痊癒。

至於繼發性、反射性疼痛，只要找出病源，對症下針，療效也十分顯著。有位李小姐，痛了幾年，來此針灸，我檢查之，乃腎脊椎移位反射臀部痛，針其腎脊穴和環跳穴，針感強烈，直射腳底，竟五次後即癒，幾年來都沒發作過。

原載於《大公報》1999年2月3日

遺精及其治療

遺精是指以不因性生活而精液自行排出爲主要表現的病證。有夢而遺精的，名爲夢遺，多在睡眠中發生，病情一般較輕；無夢而遺精，甚至清醒時自行滑出，或小便時，精隨之流出爲滑精，病情一般較重。通常，病初多爲夢遺，久遺不癒，可發展爲滑精。二者合併，統稱爲遺精。有思慾無制，所願不得而患此症；也有因好色、房勞過度致虛，日久致心腎不交，封藏失職，精關不固而滑精；亦有濕熱下注而遺泄。遺精如果僅偶然發生，沒有其他症狀者，爲正常生理現象。未婚的青壯年男子百分之八十都有這種現象，一般一個月左右一次。

西醫對「精」的理解很簡單，所謂精者，蛋白質而已，以爲只要補充蛋白質就能治癒，因此對遺精症不太重視，而且對它也無能爲力。而中醫就十分重視「精」，認爲「夫精者生之本也」，「人始生，先成精，精成而腦髓生」，遺精影響健康。若經常發生，則爲病象。常伴神疲、腰酸、失眠。若夢遺，多兼見面赤、升火、口苦、心煩，小便發黃，舌紅脈細數。滑精者往往兼有眩暈。耳鳴、面色蒼白、形寒肢冷、舌淡嫩有齒痕、苔白膩、脈沉細。

小便遺精，要跟膏淋相區別。膏淋者，小便混濁如米泔水，排尿時尿道熱澀疼痛；精濁者，精隨小便流出，多無疼痛感。

筆者用針灸醫過許多遺精者，多是青壯年，因精之關在腎，其主宰在心，所謂「有動乎衷必搖其精」，應該「心腎同治」，而且補氣可以固精，「氣海」穴爲「男子氣之海」，我的施治原則，以養陰培元爲主，補氣、補心、補腎。其方爲：氣海、關元、心俞、腎俞、三陰交、太溪。針效很好，使許多夫婦生活更和諧。

有一醫治滑精的秘方，服之效果顯著。即熟地一百八十克，山萸肉、魚鰾、眞山藥各一百二十克，芡實、丹皮、雲苓、蓮鬚各六千克，龍骨（生研、水洗淨）九克，蛤粉炒成珠，共爲末，煉蜜爲丸，如梧桐子大每日早晚服九至十二克，一個月止。

若患遺精，不可等閒視之，應及時治療。

原載於《大公報》1999年2月7日

「五十肩」痛療法

肩痛多指肩部軟組織痛症。其病因很複雜，臨床表現主要症狀是肩部疼痛，肩關節功能受限，嚴重者肌肉萎縮。常見的有肩關節周圍炎、崗上肌腱炎、肩峰下滑囊炎、肱二頭肌長頭腱鞘炎。中醫稱爲漏肩風或肩凝症，屬於痺證範疇，認爲多由風寒濕邪趁人勞倦、睡眠、外傷、正氣虧損時，乘虛侵入肩部，致經絡阻滯、氣血不暢、筋脈失養、經脈不通。不通則痛，便令肩臂活動功能受障，甚至廢痿不用。肩部這種障礙性、炎症性疾病，女性多於男性，以五十歲左右爲多見，故有「五十肩」之稱。有人認爲「五十肩」不醫可癒，筆者認爲這種說法是錯誤的。病從淺中醫，若不及時治療，隨着病情的發展，病變組織產生粘連，形成「凍肩」，或稱「肩凝」，醫起來便費時又費力了。

針灸醫肩痛，療效較佳。常用穴：肩三針（肩隅、肩前、肩後）、天宗、抬肩、肩貞透極泉、養老透內關、足三里、曲池、外關、合谷。

筆者在此特介紹一手針療法，「同病異治」，各顯中醫學之神通。陳先生跌傷了右肩部，手臂不能前伸上舉，因怕針灸，只得求醫於跌打，經多位跌打醫師的治療，療效都不太樂觀，漸漸形成「凍肩」。後在家人攜持下，來我處針灸，一聽每次得針幾針，最少一療程，又躊躇不決。

我便對他講「只扎一針試試」。於是就扎手針中的「肩點」，即食指橈側，指掌關節赤白肉際處。方法用「右病取左」的「繆刺」法，我一邊在其左手運針，一邊請其家人幫其運動右手臂。

結果其臂能舉高了很多，也向前伸長了。他見有如此療效，乃克服懼針的心理，連針了幾次，每次配合一二穴體針，便基本痊癒了。

民間盛傳一秘方醫肩痛，也很有療效。張婆婆因年輕時坐月子受了風寒，致手臂舉不起達三十年之久，後斷斷續續服此秘方約十帖，便能上下活動自如了。其方爲：當歸三錢、川芎一錢半、羌活三錢、獨活三錢、寄生三錢、桂枝二錢、海桐皮三錢、勾籐二錢、生地三錢、木瓜二錢、柴胡一錢、鬱金二錢、蓁艽三錢、威靈三錢、煲豬腳。肩痛病人，凡有服此方者，大都療效顯著，同患者，不妨一試，當可驗之。

原載於《大公報》1999年2月10日

腰痛的診斷及治療

腰痛是以症狀命名的一種病症，多種疾病和多種原因均可引起腰痛。如腰椎間盤突出症、腰部骨質增生、腰肌勞損、腰扭傷、脊椎歪斜等，或因外感寒濕、濕熱、邪阻絡脈；或腎陽虛衰、腎陰不足，經脈失養；或瘀內結，脈絡阻滯所致。

因此，要治好腰痛，必須找出病因，然後對症下藥，或下針。

我曾用針灸醫癒了不少人的腰痛症。實踐出眞知，在多年臨床經驗中，我認爲醫腰痛時，首先必須檢查病人的脊椎，看它有無移位、骨質增生、盤突等，若有，便針其佗脊經，使脊柱變直，減輕腰部承受力，痛症自然也隨之消失了。如楊先生、林小姐二位，腰痛經年，都經中西醫醫治過，終不癒。主要是他們脊柱歪斜不被重視，醫師多只着重補腎或祛濕驅風。我則從佗脊穴施針之，僅二療程即癒。如果病者脊椎無患，再考慮是否風濕和腎虛。一般針灸其腎俞、志室、腰眼、委中、陽陵泉、陰陵泉、太溪和阿是穴即可。

急性腰扭傷，若及時用針灸治療，收效最神速。王先生，二十多歲，乃工廠工人，因搬東西時撞傷了腰，同事們用木板抬他到我處，我立即爲他針了腎俞、志室、委中和阿是穴，僅片刻功夫，他竟能下床與同事一起回去中。

凡腰扭傷，均應立即治療，徹底醫癒，但很多人卻只是捶捶腰部或搽擦藥油捱着、忍着，延緩醫機，致使寒濕邪熱乘虛侵入體內。因爲「正氣存內，邪不可干」「邪之所湊，其氣必虛」，若是這樣，醫治起來就費時了。

痛而不能俯者，乃濕氣也。中藥可服柴胡、澤瀉、豬苓、白芥子各一錢，防己二錢，白朮甘草各五錢，肉桂三分、山藥三錢，水煎服。

痛而不能直者，乃風寒也。方用柴胡、當歸、白芍、茯苓各三錢、甘草一錢五分、白朮二錢、薄荷一錢、生薑三錢、防己一錢、杜仲一兩。

凡痛而不止者，腎經之病，乃脾濕之故，方用白朮四兩、苡仁三兩、芡實二兩，水六碗煎一碗，一次服之。

以上三方出自名醫驗方，凡濕重、風寒脾腎濕引起之腰痛，服十劑之內可癒。

腰痛，其實決非小病，君當愼之。

原載於《大公報》1999年2月14日

艾灸治病的功效

針灸是針刺和施灸的結合。灸，是用艾絨或其他藥物放置在體表的穴位上燒灼、溫熨，或用艾條在穴位上燻烤，借艾火的熱力透入肌膚，通過經絡的作用，以溫通氣血，達到治病和保健目的的一種外治方法。若結合針刺應用，更能提高療效。

灸法治病，歷史悠久。先是單純的艾灸，後來衍化爲多種灸法。大體上可分爲艾炷灸、艾卷灸、溫筒灸和天灸四類。

筆者採用的多是艾卷灸即艾條灸。我認爲此法不僅簡單方便，也比較適合於香港人，因爲香港人很重視外觀，尤其青年男女，他們擔心在身上留下疤痕。一般來說，我用艾灸多是和針刺結合應用。爲什麼臨床灸用的材料選用艾呢？《本草》載：「艾葉能灸百病。」《本草從新》說：「艾葉苦辛，生溫，熟熱，純陽之性，能回垂絕之陽，通十二經，走三陰，理氣血，逐寒濕，暖子宮，……以之灸火，能透諸經而除百病。」

張女士患感冒，吃藥無效，大熱天，連微風吹來都感到骨頭酸痛。她來求診，又怕針刺，我使用艾條燻她的風池穴和大椎穴，竟燻了一個多鐘頭才感到熱。艾火祛除了寒濕，重感當即好轉了許多。艾條能辨病情之深淺，凡是病重者，燻時不易熱燙，因爲艾火透入穴位，通經活絡，驅逐體內陰寒風邪，從穴位出，故表皮不熱。待熱時，風寒已出得差不多了。因此凡風寒重者，時間便燻得長；風寒輕者，時間便燻得短。

林先生整天頭脹腦悶，眩暈慵懶，自言是「大腦便秘者」，尤其在乘飛機時，好像戴上了孫悟空的金箍咒，很感辛苦。他的同學好多是西醫界名醫，都對他此病之因有同一看法，即說是因他商務忙碌，精神太緊張了，只要放輕鬆些，就可不醫而癒的云云。但三年多的折磨，令他苦不堪言，無心事業。月前，他來我處診治時，聲明不要針刺，我便用艾條燻其「百會、風池、大椎」穴，薰了將近三個鐘頭，他頓覺頭腦清醒了許多。又經過一段時間的艾灸，且艾灸了命門，腧穴、足三里等，其心身已然健康了，又可再到內地大展鴻圖矣。

艾灸，很簡單，但應愼重對之，因爲不是所有的穴位都可灸的，比如「啞門」穴，若灸太久，竟會導致啞巴。

原載於《大公報》1999年2月21日

美尼爾氏病的治療

美尼爾氏病又稱耳病性眩暈，其病因至今還不完全清楚。西醫以爲，可能和鈉鹽代謝障礙及內耳積水有關，許多學者認爲這是因內淋巴液增多而引起的疾病，它的發病機制是和中樞神經系統的失調有着一定的關係。中醫認爲，痰濕內壅或腎水不足，肝風內動，或命門火衰，虛陽上浮皆能導致本病。

一般患者並沒有中耳發炎流膿的病史，但驟然發生眩暈，只覺天旋地轉，自己也在旋轉，不敢轉頭，睜眼，伴有噁心、嘔吐、耳鳴和聽力減退。起病是陣發性的，發作時間可持續數小時或數日不等。病人往往有屢發病史，間隔時間亦無定時，兩次發作之間並無其他症狀出現。個別的病例，在急性發作後，輕度的眩暈可持續幾個月之久。發作次數各人不同，有的每月發作一、二次，有的一年或幾年發作一次，有的發作一次後從此不再發。常可由過度疲勞、精神緊張、變態反應等誘發。發作時神志清楚，有時可見自發性眼珠震顫。

診斷此病應注意與類似病加以區別：一、一般的頭昏頭暈、視物無旋轉或晃動，以及突然站起時感覺頭昏眼花等，均不屬於此病；二、若病人有化膿性中耳炎時，應首先考慮中耳炎的併發症——迷路炎，該病同時有頭痛、發熱等；三、如眩暈不是突然發作，而是持續時間過長，症狀逐漸加重，且伴有頭痛或顱神經麻痺等現象時，應考慮顱內生瘤（如聽神經瘤）的可能。

針灸治美尼爾氏病療效良好，多數病人針後都頓感眩暈減輕，頭目清醒。根據《內經》「諸風掉眩，皆屬於肝」「風勝則地動」之說，選穴時偏重肝經、膽經。取穴爲：風池、百會、頭維透頷厭、足臨泣。風池係膽經、三焦經與陽維脈之會穴，能調和氣血，清頭明目；足臨泣爲膽經俞穴，又是八脈交會之一，能平肝瀉膽而治眩暈；頷厭是膽經，治目眩；百會、頭維能疏散頭部邪熱，可醒腦明目，內關有寬胸利氣，祛痰止吐作用。目前西醫尚沒有治療該病理想的藥品。不過，一般說來此病不是危重疾患，患者首先應解除不必要的疑慮。發病時要保持鎮定，閉目靜卧，盡量避免聲響和強光的刺激，少飲茶水，宜低鹽飲食。

原載於《大公報》1999年2月24日

頸痛要及時治療

頸痛是常見病，也是寫字樓工作者的職業病，主要是由肌肉、筋膜、韌帶、關節囊、骨膜、脂肪以及結締組織等軟組織損傷引起。此病可分爲急性損傷和慢性勞損兩類。

急性損傷起病急，疼痛劇烈。落枕也屬於急性損傷的一種，表現爲入睡前並無任何症狀，晨起突感頸部疼痛，頸背牽拉痛，頸部活動受限等特點。急性損傷多因頸部肌肉扭傷或頸部關節錯位，風寒外邪趁機侵襲，如能及時診斷與治療，療效當較爲滿意。

慢性勞損是因急性損傷期未能徹底治癒而逐步遷延而成。此外，又因長期低頭工作或持續保持某一特定的姿勢，耽於較長時間而令肌肉緊張和疲勞及輕度捩傷。肌緊張雖爲一種保護性反應，但其本身又可破壞身體的協調和力學平衡，上下肌肉需要重新協調平衡，因此頸痛常會輻射到肩、腰、臀、腿痛。頸慢性勞損會引起頸椎骨刺增生，頸項韌帶鈣化，頸椎間盤萎縮退化改變，影響到頸部神經根或頸脊髓或頸部主要血管等。臨床表現爲頸肩部疼痛，頸項及上肢活動受限，還可以出現頭痛、頭暈、耳鳴、重聽、視力減退、牙根部酸痛和胸悶等植物神經系統功能紊亂。

頸痛，不可等閒視之，輕易不治必成大患。有位作家爲了趕稿，日夜俯案疾書，結果頸痛不可俯仰、不可側顧達三年多，可謂痛不欲生。

針灸治頸痛很見效，也是我醫治較多的病症。

《靈樞・經筋篇》載：「足少陽之筋……頸維筋急」，又《靈樞・雜病篇》載：「項痛不可俛仰，刺足太陽；不可以顧，刺手太陽。」所以我選穴位多在足少陽、足太陽、手太陽經上。並且必先检查有否頸椎和其它脊椎移位，若有，就先针移位處的佗脊。

落枕可先針懸鐘穴，後針落枕穴。頸不能左轉者取右側落枕穴，頸不能右轉者取左側落枕穴，一邊針，一邊令其頸仰俯轉動。若再加風池、大椎、肩井穴，　抓痧，一般三、五次即癒。

其他急慢性勞損可針風池、风府、天柱、肩井、肩中俞、天宗、懸鐘、落枕（左患右取、右患左取）、阿是穴、養老和相應的佗脊。

在治療過程中，患者應注意糾正不良姿勢和習慣，避免頸部長時間保持一種態勢，防止頸疲勞。

原載於《大公報》1999年2月28日

足跟痛療法種種

足跟痛，是以足跟底部疼痛爲特點的病證。多爲足跟脂肪纖維墊部分消退、急性滑囊炎、跟骨的骨刺、跟腱炎、跟骨的骨折等疾病所引致；單純症狀性足跟痛多因氣血虛弱，或腎虛，筋骨失榮，或寒濕引起氣滯血瘀，經絡受阻發爲本病。

針灸治足跟痛的處方很多，今略舉一二：

一方：針照海，針刺入皮膚後，針尖向着足跟痛點方向刺入寸半，得氣後行平補平瀉法，有明顯的酸脹感後留針十五到二十分鐘，三分鐘運針一次。每日一次。

另二方：於合谷向後約一寸處扎針，直刺，深刺寸半，有針感後，留針約一小時。

我常用的針灸穴位是合谷、昆侖。方法：先針合谷，強刺激，再針昆侖透太溪，效果很好。

劉先生，年屆花甲，右側足跟痛，局部不紅不腫，不耐久立，白天足跟鈍痛，入夜疼痛加劇，神疲肢倦，頭暈眼花。診斷乃肝腎虧損，氣虛血虧所引起的。我便針合谷、昆侖透太溪。刺後他頓覺舒服許多。因爲合谷疏風、解表、鎮痛、通絡，昆侖是屬足太陽膀胱經，腎和膀胱相表裡，益腎、祛風、通絡，太溪是足少陰之脈所注爲輸，腎之原穴，補腎清熱。

蔣先生，左側足跟痛，走路時下肢沉困無力，痛甚則跛行，遇陰雨寒冷，則麻木刺痛，入夜更甚，此乃兼有寒濕凝滯。筆者除針以上穴位外，還用艾條加灸足跟痛點，因其病患嚴重，第一次灸了半個鐘點後才覺暖熱。

一般足跟痛針一、二療程即痊癒。

若有人懼針，也可單用艾灸療法。其治法：鮮生薑（大者爲宜），切成半厘米厚的薄片，中間針刺數孔，將塔形艾炷放在薑上，灸患側足跟部，艾炷燒盡，足跟有灼痛時，用薑片磨擦患部，每日二次。

足跟痛也可用刮痧法。選取邊緣光滑的瓷勺或牛角板，以食油和水爲介質，刮取太溪、太沖、足三里、復溜、陰陵泉、血海、阿是穴等，至出現痧痕爲止並以拇指揉水泉、照海、昆侖、解溪、僕參、申脈穴，每日一次。療效均不錯。

原載於《大公報》1999年3月3日

痛經種類及療法

痛經是常見的婦科病，指的是經前或行經期間發生難以忍受的下腹疼痛。疼痛常爲陣發性或持續性中有陣發加劇，有時放射至陰道、肛門及腰部，並引起尿頻及排尿感。嚴重時面色蒼白、手足冰冷、出冷汗、噁心、嘔吐、甚至昏厥。一般都在經血暢流後，少數在有膜狀物排出後，腹痛始緩解。

痛經分原發性和繼發性兩種。

原發性痛經，指生殖器官無明顯器質性病變的月經疼痛。常發生在月經初潮時，多見於未婚或未孕婦女，往往在婚育後自癒。身體虛弱，有慢性病，精神緊張，感覺過敏的婦女，常有痛經。子宮頸口比較狹小，子宮過度屈曲使經血不能暢流；子宮發育不良、子宮肌肉與纖維組織比例失調、子宮收縮因而不協調；子宮內膜整塊脫落，因而排出不暢，使子宮收縮增強或發生痙攣性收縮等等都可引起痛經。因此原發性痛經與精神因素及子宮痙攣性收縮有關。

繼發性痛經指生殖器官有器質性病變，像子宮內膜異位症、盆腔炎和子宮黏膜下肌瘤等引起的月經疼痛。繼發性痛經只要除去病根，問題就會迎刃而解。

原發性痛經，中醫認爲多因血瘀或寒凝，以致氣機運行不暢，脈絡阻滯不通而致疼痛，經前疼痛多屬氣滯血瘀；若經後疼痛多屬虛寒。

針灸施治原則：疏通胞宮之氣爲主。火

氣滯血虛者取針穴：關元、三陰交、歸來、氣海。虛寒者取針穴：關元、三陰交、足三里、腎俞。

方法：經前四、五天每天針之，灸之，經來潮時即停。如此連續三個月經前針灸，約十五次，痛經症基本可消除。

中藥治療：氣滯血虛者服：乳香十克、沒藥十克、九香蟲十克、雞血籐十五克、川楝子十克、延胡索十二克、當歸十五克，水煎服，每天一劑，分三次，飯前服。虛寒者，乾薑十克、延胡素十二克、小茴香十克，艾葉十克、廣台鳥十克、當歸十五克，水煎服，每曰一劑，空腹服，於每月行經前三至五天服。

原載於《大公報》1999年3月7日

針灸何以可治病

針灸，何以可治病，這得從經絡說起，經絡是人體內運行氣、血、津液的通路，它網絡縱橫，把人體所有內臟器官、筋肉、骨絡等組織緊密地聯絡成一個統一的整體。主要有十二經脈和奇經八脈。經絡學說早在二千多年前《黃帝內經》中就有記載。《黃帝內經》包括《素問》和《靈樞》兩部分，而《靈樞》的內容則側重研究針灸。我們可以用肉眼和現代科學儀器，找出血管和神經的分佈，但二千多年前發現的經絡行徑，到目前爲止，全世界醫學界卻仍無法用任何最先進的儀器顯示出來。可見中醫之博大精深，我們現在也還是按照祖先留下的經絡學進行針灸治病。

《靈樞·經脈篇》說：「經脈者，所以決生死，處百病，調虛實，不可不通。」要通經絡，靠的是穴位，較常用的就有七百六十多個，當然，穴位數目不止於此。針灸取穴配方要靈活，根據不同的病情有就近取穴，循經取穴，偶經取穴，相配取穴等。而配方有遠近相配，左右相配，上下相配，表裡相配，俞募相配，原絡相配等。

針灸時要注意「疾徐補瀉」，達到「氣至有效」針灸打通了人體經絡，正如環保疏通了渠道一樣，是有益的。西方醫學人士研究後更發現，針灸對止痛最有神效，因爲針灸刺激了經絡，令體內「藥庫」輸出嗎啡到患處，便可立予止痛。

針灸，不僅可治病，而且能治久病。《靈樞·九針十二原第一》說：「今夫五臟之有疾也，譬猶刺也，猶污也，猶結也，猶閉也。刺雖久，猶可拔也；污雖久，猶可雪也；結雖久，猶可解也；閉雖久，猶可決也。或言久疾之不可取者，非其說也。夫善用針者，取其疾也，猶拔刺也，猶雪污也，猶解結也，猶決閉也。疾雖久，猶可畢也。言不可治者，未得其術也。」意思是說，五臟有病，好比肌肉上扎了刺，物體受污染，繩索打了結，河水淤塞一樣。雖然過了一段較長的時間，但刺可拔，污可洗，繩結可解開，河道可疏通。有人認爲久病就不能針治而癒，這種說法，是完全不對的。善於針灸的醫生，對於疾病，好像拔刺、滌污、解結、疏淤一樣，病程雖長，但還是可以治癒的。故那些說久疾不能治的人，是因爲他沒能掌握住針灸的深奧技術啊！

針灸，是中醫學的偉大瑰寶之一，也是人類的共同財富！

原載於《大公報》1999年3月10日

三種白帶的治療

平時，婦女的陰道內經常有少量的排液，呈白色或透明的黏液狀，這是正常的，如果婦女陰道分泌物比正常時增多，稱爲白帶，常與生殖器感染（如陰道炎、宮頸炎、子宮內膜炎等）、腫瘤或身體虛弱等因素有關。中醫稱白帶爲「帶下」，因氣血虧損或濕熱下注致帶脈失約、沖任失調而生病。《內經》載；「任脈爲病，女子帶下瘕聚」。《辨症錄》道：「帶是濕病，因婦人有帶脈不能約束，故以帶名之，帶脈通於任督脈，任督病而帶脈亦病。」

白帶臨床表現除陰道分泌物增多外，還會頭暈，腰酸乏力，且有黃帶、赤帶、白帶之分。一般白帶呈白色黏液或淸如水，且有異味，多因脾陽不振，或腎精、腎氣不足，任帶失固而發爲本病；黃帶呈淡黃色黏稠的液帶，甚則濃如茶汁，有臭穢氣味，多因濕熱內蘊，或熱毒壅盛，或濕毒浸淫或勞作傷心，或肝鬱火熾，灼傷沖任而發生本病。若發現黃、赤帶，需及時作婦科檢查，常可發現子宮頸炎，潰瘍或盆腔炎、陰道炎。

針灸治療白帶很有功效，施治原則調節沖任，帶三脈。手法中刺激不留針。

白帶乃氣血虧損，屬寒。可針：氣海、帶脈、三陰交、關元、足三里。

赤、黃帶乃濕熱下注，屬熱，可針：氣海帶脈、三陰交、行間、陰陵泉。

因爲氣海補氣以攝液，帶脈利濕以止帶，三陰交調補三陰之氣。關元補眞元，足三里調胃氣，乃強壯要穴；行間泄肝火，陰陵泉滲水濕，補脾，故可淸利濕熱。

民間有許多秘方可治白帶。

寒白帶可服「北京烏雞白鳳丸」或「蛋艾酒」，蛋艾酒的做法，即用雞蛋一個加艾葉，用酒煮熟了吃。黃帶可用冬瓜籽三十克，白果十個與一杯半的水，一起入鍋煮，煮後食用。赤帶有珍方：黨參、白朮、蒼朮、炒淮山藥、微炒荊芥（另以紗囊盛之），以上各五錢，生白芍一錢半、炙草一錢、廣皮一錢、柴胡一錢。水煎之，數劑即癒。

原載於《大公報》1999年3月14日

「鶴膝風」與膝部軟組織損傷有別

「鶴膝風者，即風寒濕之痺於膝也」，病者膝關節周圍出現潮紅、灼熱、腫脹、疼痛，皮膚呈現光澤等症狀。繼而腿脛肌肉瘦削，膝骨日見其大，漸漸難於屈伸、強直，以致畸形，最後終致殘廢而不能行走。

「鶴膝風」與一般膝部軟組織損傷，二者較容易混淆。「鶴膝風」是風寒濕邪侵入膝蓋肉、骨、筋羈於膝所致。而膝部軟組織損傷主要是「傷筋」，多因膝關節過度運動或外傷、勞累等原因引起。施針原則舒筋活血，通經活絡，一般選用的針穴爲內、外膝眼、委中、陽陵泉、梁丘。此症我醫得多，也見成效。

許多醫生常把「鶴膝風」當一般膝部軟組織損傷醫之，所以難於見效。其實，觀「鶴膝風」病者症狀，其腿脛肌肉瘦削，乃濕侵入肉，因肉爲脾之所主。繼而膝骨日大，乃寒侵於骨，因骨爲腎之主，又繼則屈伸困難，強直畸形，乃風侵於關節及筋，因關節及筋爲肝膽之所主。因此鶴膝風與脾、腎、肝膽虛弱虧損俱有關。《針灸集成》載：「中脘、委中、風池治鶴膝風，有神效。」用胃募穴中脘補肌肉，膽經風池、膀胱經委中治筋骨，確有其治療原理。我用此方加上內外膝眼、陽陵泉、鶴頂、膝陽關爲配穴，醫癒了許多「鶴膝風」患者。

邵女士月前來求診，自述幾個月以來，膝關節每天見大，腫脹得皮膚發亮，內如燒灼，疼痛，用活絡油塗抹和冰袋冷敷，都無療效。只見膝蓋附近的肌肉消瘦，屈伸強急，經期每次推遲五、六天。此乃患「鶴膝風」症也。經過我二個療程的針灸治療，使她的疼痛止了。我建議她每日作踩滾棍運動，使其膝蓋周圍的肌肉日漸復原。如她初患不久就來就醫，肌未瘦，骨未大，便可很快痊癒的。

另須切記，治「鶴膝風」症不可用冰敷，也禁強烈走動。

治療「鶴膝風」症，也可服中藥，其方爲：

獨活錢半、寄生錢半、防風錢半、秦艽錢半、當歸二錢、甘草七分、木瓜二錢、枸杞錢半、川斷錢半、桂枝錢半、淮牛膝錢半、牛膝一錢，水煎服，飯前飲服，連續服食，療效良好。

不管是「鶴膝風」或膝部軟組織損傷，病者都要及時治療，不然膝骨變形、磨損,沙沙作響，日久而漸致下肢癱瘓，則治之晚矣。

原載於《大公報》1999年3月17日

腮腺炎冬春發病率高

腮腺炎，中醫稱爲「痄腮」、「腮瘡」、「溫毒發頤」、「蛤蟆瘟」、「襯耳寒」等，是一種病毒所致的急性傳染病。乃由感受溫毒病邪後，腸胃積熱與肝膽鬱火，壅遏少陽經脈所致。以五至十五歲少年爲最多見，以冬春季節發病率最高，其他季節亦有發生。病愈後可獲持久免疫。臨床表現，初起發熱惡寒，嘔吐納呆、耳下腫脹，邊緣不清，按之柔韌，有壓痛。常見一側發病，一至二天後波及對側，或兩側同時發病，局部疼痛，咀嚼時加劇。

本病若能及時治療，預效良好，若掉以輕心，小兒可併發腦膜炎，成人可併發睾丸炎，此外會導致的併發症有急性胰腺炎、卵巢炎、乳腺炎、甲狀腺炎、淚囊炎及耳聾等。腮腺炎會傳染，腫脹期間應隔離，至腫脹消失爲止。

針灸治腮腺炎很有療效。

處方一：穴位手三里，針患側（雙側同病刺雙穴），直刺一至一點五寸，中強刺激，邊針邊用手按揉患側腫大之淋巴結，可見淋巴結逐漸消失，腮腺腫脹隨之減輕。

處方二：主穴耳垂下三分。配穴寒熱者配外關，疼痛或張口不利配合谷、曲池。針灸患側主穴，捻轉進針後用瀉法，深度三至五分，留針五分鐘（成人二十分鐘），隔五分鐘捻轉一次。每日一次，重症針二次。

處方三：下頜角與耳垂劃一連線之正中點，進針時針灸稍向口角方向傾斜十五至三十度，以達腫脹之腮腺中心處爲宜。採用快速進針，刺入後捻轉二至三分鐘即可出針。

中草藥治腮腺炎也有其獨特效果。外敷內服藥尤見成效。外敷藥：如意金黄散（成藥）香油調敷；或沖和膏（成藥）調醋敷；或生石膏粉調雞蛋淸敷腫處；或芙蓉花葉搞爛加適量麻油調匀外敷。內服藥：一、馬尾松二兩，水煎，以白糖爲引，日服一劑；二、野菊花全草，大薊根、海金砂全草各五錢，水煎服；三、萱草根一至二兩，冰糖燉服。

如果外間有流行性腮腺炎，可以用煎鮮大薊根預防，每人每日五錢至一兩，水煎後沖紅糖內服，日一劑。

又，用灯火灯芯一根，点油烧之，在大指、二指之下手背微窝处烧一下，左腮烧右手，右腮烧左手，即效如神。

原載於《大公報》1999年3月21日

哮喘成因及治療

哮喘本是兩症，即哮證與喘症。哮是一種發作性的痰鳴氣喘疾病，以呼吸急促，喉間有哮鳴聲爲主證。喘症是以呼吸急促，多開口以吐氣，甚則張口抬肩爲特徵。《醫學正傳》云：「喘以氣息而言，哮以聲響而言。」哮必兼喘，一般通稱哮喘，而喘未必兼哮。

天氣驟變，空氣潮濕或氣壓低時，最易誘發哮喘。患者異常敏感，發作時間並無規律，有的是夏發，有的是冬發，也有四季常發。此症致病原因，大致有二種：一爲心臟性氣喘，一爲支氣管性氣喘。

心臟性氣喘，是因心臟有病而起。有人心臟收縮力量小，其心臟在跳動時，輸送出去的血液不多，不能把血管內的血液順暢地推進向前，於是，有些血液便散布在肺部或其他肢體各部門爲患，稍一勞動，便感心跳，血液如散肺裡，就會通過神經起反射作用，引起大小支氣管收縮起來，使空氣通過時發生困難，兼之肺裡積有鬱血，肺的呼吸面積縮小，就會引起呼吸困難而氣喘。支氣管性氣喘，純粹是支氣管本身所引起的毛病。每個人的支氣管對外來及內在的物質，其感覺也不同。如聞到某一種氣味，吃到某種食物，或因有自身的某種慢性病變分泌出來的毒素，神經就會反射到支氣管引起其收縮，而致呼吸困難，形成哮喘。

哮喘可用針灸治療。主要穴位：大椎、風池、定喘。配穴：尺澤、列缺、內關、足三里、豐隆、肺俞、心俞、腎俞、復溜、太溪。發病前治。

本病是難治之症，需較長時間治療。民間有許多秘方，或有意外神效。我的鄰居有位姓唐的護士長，哮喘三十年，發作時呼吸急促，張口抬肩苦不堪言，後來有位老中醫教她吃鱸魚煮鹹橄欖，此疾竟斷了根。

治寒喘，也可用鱷魚肉乾一兩（鮮四兩）和一隻鷓鴣，一起煲四小時，服食之。經常吃。

痰火熾盛的哮喘症，可用飴糖（麥芽糖）二兩、豆腐漿一碗，煮化炖服，很有效驗。

某報林主編有一治哮喘秘方：清明前10天至立冬后10天使用。背心浸老薑汁，晾乾後穿，一周換洗一次。他曾以此法治好長年哮喘病。他的好友陳先生患哮喘三十多年，也以此治癒。

哮喘患者要多進補，但要嚴格戒口，莫吃寒涼食品及蝦、蟹、魚肝油和無鱗魚，即使痊癒，也要禁食三年。平時要護衛頸項、前胸，注意保暖，勿食過鹹食物，勿疲勞過度。

原載於《大公報》1999年3月24日

湧泉穴的妙用

針灸中常用的湧泉穴，是個很重要的穴位，所謂「百穴之會」，實不爲過，若應用得當，當能有起死回生之妙。湧泉，位於足掌心前三分之一與後三分之二交界處，在第二、三趾跖關節後方，踡足時呈凹陷處。湧泉穴在足底第二、三跖骨之間，跖腱膜中，內有屈趾短肌腱，屈趾長肌腱，第二蚓狀肌，深層爲骨間肌，有足底外側動脈與脛前動脈吻合的足底弓。布有趾跖側總神經。

記得七十年代初，筆者尚在內地，有一天，鄉親陳嫂與丈夫吵嘴，言語衝突在所難免，她覺得丈夫話如尖錐，刺心鑽肺，立時氣得渾身顫，並抽搐起來，手腳冰涼，臉色蒼白，口唇青紫，竟顯生命危殆。她家裡人見此情景慌了，忙跑來請我叔父相救。叔父在鄉裡常義務爲人針灸治病，治好過許多疑難雜症。他聽後即拿起針灸盒奔往陳嫂家，我也跟着前往。大家見叔父來了，便閃開讓出路，他對着病人略一思索，便在陳嫂兩足底的湧泉穴上各扎了一針，經捻轉提插運針後，只見陳嫂重重噓了一聲，悠悠氣轉，情緒慢慢鎮定下來，一會兒便可以起身道謝。

我問叔父，一般針灸師多取人中、內關穴，為何他獨取「湧泉」？他說湧泉穴功能開竅寧神，而且最見速效。有人曾從牆上跌下休克了，他也刺此穴救醒過。有人因中毒性休克，他立刻以針刺湧泉穴配足三里而救醒了。他說，他還以此穴配人中、勞宮、治過精神病和感情淡漠症；以湧泉穴配關元、豐隆治虛勞咳嗽，配大鐘治難於下咽的咽中痛等，且下肢癱瘓者若針此穴也會較快康復。叔父談起「涌泉」穴的好處，一一如數家珍。

記得看過一份醫學資料記載，某女性癱瘓者，雙腿不能行走幾年了，一位針灸師在她足底「湧泉」穴上扎了一針，她竟然立即能下地行走了，這並非所有病例均如此幸運。但也見湧泉穴實有其神奇功效。

筆者醫治過許多中風病人，時不時也替他們扎此穴位（因扎此穴比較痛，病患者多不願多刺之），總覺得在刺「湧泉」穴後，其療效比未扎此穴時好得多。爲了加強療效，我也常常對下肢病痛者在足底扎此穴，都能收到良好效應。有下肢痠痛者和癱瘓者，也可時時按壓湧泉穴，這對恢復腳力十分有益。平時，特別是臨睡時以手按摩湧泉穴，有保健益壽之效。

原載於《大公報》1999年3月28日

治療燙傷火灼有秘方

燙傷、火灼是人們較易發生的意外事故。前幾天見到一個女童因灼傷致面上留下深深的疤痕，毀損了她原有的美麗容貌，令人爲之心痛。凡受燙傷、火灼的人，若不及時搶救護理，那麼傷口就容易受感染且擴大化，更易留下瘢痕。中國民間，向有土法秘方對燙灼傷加以緊急處理，因能就地取材，竟可把傷害減到最低而且不留疤痕。此法雖古老，但貴在及時，爲綜合介紹燙傷火灼之急救治療，謹錄此備忘，供讀者參考。

兒時，我住鄉村，曾見過幾位鄉親被開水燙傷，他們均用土辦法治之，即以冷水拌稻草灰敷於傷處，乾後再換，重覆不斷，直到痛止腫消；或用童尿浸泡患處，童尿可免火毒攻心，約泡十五分鐘，就能止痛，此後不必再泡浸，但不可就洗去，要待傷處乾後二、三小時，才在傷口周圍輕輕清洗。約經十日左右，患處當會脫去一層皮而告痊癒。

若在廚房內被燙傷或火灼，可急用醬或醬油（生抽、老抽）塗敷傷處，即能止痛且解火毒；或用蜂蜜塗於燙灼處，也有止痛的作用；或將傷處浸入冷藏的牛奶內或把浸透冷藏牛奶的紗布敷於傷口，也很有療效；亦可盛食用的植物油一杯，投入粗鹽或晶鹽二匙（份量視傷勢輕重而異），以筷子調勻，塗於傷處，其痛立止，連搽數日即愈，且無瘢痕。

湯火燙灼，也可把香煙掰開，用冷開水浸濕敷用，十分鐘後即可止痛不起泡，也不潰爛。

如果是大面積火灼或熱水燙傷，則可用棉花（或衛生紙、黃紙）浸上好的高粱酒，敷於傷處，待乾時再換濕的，不斷敷貼，輕者半小時，重者一小時，立見療效。若傷處起泡脫皮，經酒敷貼後再以消炎軟膏抹三、五天即癒。有酒貼於傷處不會發炎、化膿，也不會火氣攻心，且癒後無疤痕，此法，歷驗不爽。

芙蓉植物油是治燙灼傷的聖藥。其製法如下：白色芙蓉花或醉芙蓉一籃，投進植物性食油中，調配適度，用器皿封口貯存，約一年即可用，越久越好。塗上其油及殘渣，其痛立止。無論輕重傷、起泡或潰爛多年者，皆可迅速痊癒。有心者不妨如法泡製，並廣送備存，以作善事。

凡燙灼傷者，最忌吃醬油，否則即會留下色瘢，終身悔矣。

原載於《大公報》1999年3月31日

縊死急救法

人們見到縊死者，常有恐懼感，只有膽大的親人急急割斷繩索或抱下，見其已氣斷，大家就放聲大哭，一邊打「九九九」報警，等待救護車來。這樣，往往延誤急救的時間，致使縊者返魂無術。

縊死，主要是由於繩索等縊帶壓迫呼吸道引起呼吸窒息，心、腦等重要器官缺氧所致。

縊死患者往往先是呼吸停止，在呼吸停止之後，短時期內仍有微弱的心臟跳動，若在此時進行急救，收效往往較爲顯著。

搶救縊死的方法，應先向上抱托起死者身體，使縊帶鬆弛，然後剪除縊帶，迅速將其身體移到通風之處，解開患者的衣領、內衣、乳罩、褲帶等，盡快進行人工呼吸和胸部按摩。

較簡單的方法且介紹如下：

一、炒熱生鹽兩大包，輪流從頸喉熨至臍下，冷則隨換，不可住手，直到回陽。

二、用皀角、細辛末吹入鼻腔內，使其復甦。

三、或急取半夏粉、白芨粉用管吹入鼻腔內，死者胸腔會受到刺激而搐動，可恢復呼吸。

另有一個辦法，則是把縊死患者鬆衣解帶後，讓他背向醫者坐在床沿上，成九十度，醫者屈起右腳頂住其腰部，然後用雙手把患者雙臂向後用力掰幾下，作擴胸運動，接着掄起拳頭猛擊患者的第五、六胸椎處（神道穴和心俞穴），患者就會甦醒回陽。

我父親有位同學曾在警官學校學過此法，竟救活了幾位縊死患者。

對於自縊死，華佗也有急救神方。他認爲，如果白天縊死，身雖已冷，尚可救活；如果夜間縊死，則難救治。

因爲白天陽盛，其氣易通；夜裡陰盛，氣就難通。施治辦法：首先，向上抱起死者身體，然後解其繩，安卧通風處，解其衣領寬其內衣。一人用腳踏其兩肩，挽抓其髮，不要放鬆。一人用手按摩死者胸部並按其腹。一人摩捋手臂並屈伸之。這樣，半個鐘頭左右、死者漸漸開始呼吸，而且睁開雙眼。此時三人切莫立即停手，應依然如舊運作之。並使人徐徐餵其湯，自能回生。救人一命，功德無量，此法當切記。

原載於《大公報》1999年4月4日

鷄眼治療　方法多種

雞眼，多長在足心前五趾之下處，初生時與鞋底磨擦所長的老皮相似，稍久；老皮漸粗硬，會有不平的感覺，其形狀透明渾圓，中有硬結，像綠豆般大小的顆粒漸高出皮膚面，尖端向下並壓迫眞皮乳頭層內的感覺神經末梢而產生疼痛。此症產生的原因，是因爲終日甚少走動，或是鞋變形或太緊，而影響足底肌肉活動，導致血液循環不暢而引起的。

筆者曾用針灸爲某先生治癒雞眼，其方是「阿是穴」。首先，他自己先用溫水泡腳，用小刀削去足底硬皮。然後，我便從其雞眼中央進針，大捻轉強刺激，使之出血後才出針，再從雞眼四周的四個不同方向向中央對刺四針；接着用紗布包紮之。他爲求速癒，甘耐短痛以解長痛。我也曾以此法爲自己治過雞眼，的確很不好受，但療效迅速。

多數人怕痛，我仍採取以下處方：針解溪、昆侖。強刺激不留針，每日一次。同時用熱水泡腳。一療程後，雞眼也可自行脫落。

生雞眼比較普遍，也很痛苦，民間在治療實踐中，總結了許多經驗。今介紹幾種秘方以供參考。

方一：荸薺、蕎麥可除雞眼。其方法是每晚以溫水洗腳後，先用針尖輕剔雞眼（不必深剔）去其污。將二、三粒蕎麥去皮，用牙嚼碎，和着唾液，塡滿雞眼。再把洗淨的荸薺，切成如雞眼大小且如銅幣厚後，蓋貼在薔麥面上，以紗布膠布固定之；以免散落。如此持續約一星期，雞眼就會消失。此法有奇效，屢試屢驗。

方二：以生薑置患處，將艾葉置生薑上，用香（即供佛燒的香）火燒之，不日脫落即癒。

方三：熱水一盆，倒入米酒一杯，用以泡腳，至水冷爲止，再拭乾腳，以不含化學成分的醋，滴於患處。並速以刀片輕輕刮除雞眼周圍的硬皮，但對中間之眼珠切勿猛然挖除，如此持續些日，雞眼自會平復。

方四：韭菜連根絞汁塗抹患部，一天換一次，約數天可見其效。

方五：每天泡腳，用刀片將雞眼突出部剪去一些，用鹼擦患處，乾了再擦，連續數天，雞眼亦會痊癒。

原載於《大公報》1999年4月7日

支氣管炎的治療

支氣管炎是一種常見的呼吸道疾病，有急慢性之分。急性支氣管炎是由於感染病毒、細菌或煙塵微粒等物理、化學性物質刺激支氣管粘膜而引起。慢性支氣管炎可由急性支氣管炎轉化而來，也可因支氣管哮喘、支氣管擴張等疾病，使支氣管分泌物引流不暢，血液循環供給不充分或氣管周圍組織纖維增生而形成。祖國醫學文獻中，支氣管炎包括在傷寒和風瘟一類的疾病裡。

急性支氣管炎，初起時常有喉癢、乾咳等上呼吸道感染症狀，並伴有疲乏、怕冷、頭痛、低熱、背肌酸痛、胸骨後部疼痛，有刺激性咳嗽、痰多帶膿性。慢性支氣管炎主要症狀是持久性咳嗽，在氣候轉變和冬季時節咳嗽較劇，痰量增多，久病不癒者，可轉化爲肺氣腫。

針灸醫治支氣管炎很有療效。施治原則：宣降肺氣，祛風化痰。常用穴：定喘、風門、合谷、肺俞。手法：強刺激不留針。畏寒發熱者加曲池、大椎；背部肌肉酸痛者加頸椎七——胸椎佗脊六，咳劇者加尺澤、列缺；痰多者加豐隆。定喘是在督脈的別絡上，宣肺平喘。風門爲督脈足太陽之會，乃風氣出入之門戶，配合谷手陽明經的原穴，以祛風解表；肺俞乃肺氣注輸之處，用以宣肺療嗽；曲池是手陽明的合穴，大椎是督脈，手足三陽之會，都能泄陽邪而解熱；尺澤、列缺有加強宣肺療咳的功效，豐隆則和胃袪痙，佗脊用以疏通督脈和太陽的經氣。

民間有許多秘方很微妙，材料簡單，常見易得，但療效卻顯著。前星期我見到林先生的小孫子，愣了一下，原先白白胖胖健康活潑的小孩子，如今竟變得臉青唇白清瘦得很。林先生告訴我，他的孫子因患支氣管症，診治一段時間總無效，咳嗽、煩躁、睡不好覺。我便教他一味偏方，即將一條紅蘿蔔洗淨不去皮，切成薄片，放於碗中，加放飴糖（即麥芽糖，超級市場有賣）三匙，擱置一夜，即溶成蘿蔔糖水，服食之，能止咳化痰。不到一星期時間、林先生孫子之病便痊癒了。

另外，可用冬瓜子仁五錢加白糖適量搗爛研細，開水沖服，每日二次，對有劇烈咳嗽的慢性支氣管炎也相當有效。

原載於《大公報》1999年4月11日

耳鳴的各種療法

耳鳴是聽覺功能紊亂而出現的一種症狀，一般是主觀的，病人聽到的只是一種實際上不存在的聲音，在安靜的環境中更爲明顯。這種聲音可呈持續性，也可呈間斷性。其病變在傳導器時，耳鳴往往是低音的持續的；病變在覺音器時，耳鳴往往是高音的，陣發性的。耳鳴又稱「聊秋」，是指病人自覺耳鳴響，妨礙聽覺。《外科證治全書》說：「耳鳴者，耳中有聲，或若蟬鳴，或若鐘鳴，或若火熇熇然，或若流水聲，或若簸米聲，或睡着如打戰鼓，如風入耳。」筆者治療耳鳴經驗中，認爲耳鳴如蟬聲吱吱、低音持續者，多爲腎元虧損，肝氣鬱結，脾胃虛弱，屬虛證；如鐘鼓聲者，多屬三焦火盛，肝膽火旺，屬實證。

針灸治耳鳴效果良好。治療原則：疏導少陽經氣，宣通竅絡，清其肝膽之火和補腎健脾。針灸處方：風池、翳風、聽會、聽宮、中渚、太沖、肝俞。虛證加腎俞、脾俞、足三里。

耳鳴的治療，民間有許多秘方，在此，我介紹幾方，願耳鳴者能得以解除痛苦。

一、蒼耳子十五克，豬腦子一個，以上二味藥用三碗水同煎至大半碗，喝湯吃腦，每日一次，屢見成效。

二、磁朱丸九克（布包）、遠志九克、菖蒲三克、龍膽草一克半、杭芍九克，每日一劑，水煎二次，連服七天。此方對心肝火旺型的耳鳴，特別有療效。

三、烏頭燒灰、石菖蒲，各等量，共研爲末，用紗布包藥，塞在耳內，一日兩次，直至不鳴。

四、水皂角三十克、響鈴草三十克、地榆二十克、紅花十二克，同煎服，一日二次。

五、路路通三十克、豬腎一對、粳米一百六十克、葱白六克，將其蒸服，一日一次。

六、葱汁三克、薑汁一克、垂盆草二十克、石菖蒲二十克，將藥物搗爛取汁，外用滴入耳內。

七、火炭母三十克、夏枯草二十克、香附二十克、石菖蒲十克，將藥同煎，一日數次。

以上方藥，都是有價值的臨床經驗，患者、醫者可因地取材選用之。

原載於《大公報》1999年4月14日

帕金遜氏綜合症療法

帕金遜氏綜合症最主要的症狀是全身僵硬和肌肉震顫。病人可因肌肉發硬乃令動作變得緩慢，且不能作精細動作，頸部前屈，下頷觸胸，軀幹向前俯屈，肘、股、膝等關節也輕度屈曲；起步難，但起步後就不易停步，病人以窄小慌張的步態向前奔走，其四肢遠端、舌、唇和下頷等處出現有節律性的震顫，手指震顫時拇指對着其他各指不斷地作出刻板而有節律的顫抖，在旁人眼裡，病人似在搓泥丸一般。這種震顫在靜止和情緒緊張時最為明顯，在睡眠中則可完全消失。晚期病人可因唇、舌、下頷的震顫而發生言語或吞咽困難，致使口涎過多，向外溢流。本病一般沒有病理體徵和感覺障礙，各種化驗也沒有異常發現，其病進展緩慢，不直接威脅生命。

帕金遜氏綜合症的病因很多，最常見的如嗜睡性腦炎、腦動脈硬化、一氧化碳中毒和錳中毒等。中醫認為是肝陰不足，肝陽亢盛，引動肝風，發為震顫。《內經》云：「諸風掉眩，皆屬於肝」，「掉」就是震顫之意。意思是說所有風症、震顫、暈眩都是屬於肝的問題。所以治法應育陰潛陽，平肝熄風。中藥可服「鎮肝熄風湯」、「羚羊勾籐湯」、「天麻勾籐飲」等。

針灸對帕金遜氏綜合症的治療頗有特效。主要的穴位有肩三針、曲池透少海、尺澤、內關、合谷透勞宮、環跳、陽陵泉、太冲、肝熱穴、肝俞、佗脊、湧泉等。

如病者王先生，僅雙手震顫，拿東西寫字很吃力。我針以肩三針、曲池透少海、內關、合谷透勞宮，二療程後就不顫了，竟書寫自如了。如李太，六十餘歲，近患帕金遜氏症。她因軀幹向前俯屈，腰部內陷似駝背、我首先針其駝峰旁的五、六、七、八胸椎和三、四腰椎旁的佗脊，針了一療程後背見直了。同時見其足趾像彈琴般上下弹動，尤其右足大拇趾壓住中趾，便針其涌泉穴，三次後足趾不亂動了，拇趾也放平了。而且依前述穴位，採用平補平瀉法，日針一次，十次爲一療程，針了六個療程，並配合服中藥，收到了全功，諸恙痊癒，身體健康。

如此可見，帕金遜氏症當可醫，但需要時間和耐性、信心和恆心。

原載於《大公報》1999年4月18日

前列腺炎中醫針灸療法

自從《大公報》保健版發表了賴妍彤方家撰寫的《前列腺切除與性功能障礙》一文後，多位讀者也來電詢問我，什麼叫前列腺炎？既然切除了前列腺，後多會出現性功能和性行爲改變，諸如令陰莖無法勃起和逆行射精等，如果不動手術，單靠針灸和服中藥可醫癒嗎？爲此，我在這裡一併作答。

前列腺炎常因細菌侵犯尿道後，經過前列腺管而入腺體引起發炎所致。臨床上有急、慢性之分。急性前列腺炎爲尿頻、尿急、尿痛終至血尿，腰骶部及會陰區、大腿內側有不適感覺。慢性前列腺炎症狀頗不一致，有的可無任何自覺症狀，典型的有尿後滴瀝，尿道口有分泌物滲出，腰酸，會陰區不適，常伴有性慾減低及遺精等，前列腺液檢查，有大量膿細胞。

中醫認爲，本病乃由「腎虛濕熱下注」而成，與脾腎關係最爲密切，古代文獻中記載的「淋濁」、「膏濁」與本病的慢性期有相似之論。

《諸病源候論》說：「諸淋者，由腎虛而膀胱熱故也……腎虛則小便數，膀胱熱則水下澀，數而澀，則淋瀝不宣」，《類證治裁》說：「濁在便者，色白如泔，乃濕熱內蘊。」可見本病由脾腎兩虛，濕熱下注而成。

針灸醫前列腺炎較有成效。急性的可針氣海、血海、陰陵泉、三陰交、太溪、照海；慢性的可針腎俞、膀胱俞、關元、三陰交、歸來、子宮、築賓。每日一次，針後加艾灸。

福建中醫學院黃宗勖教授有劑中藥能固脾腎，利膀胱，化濕濁，醫治慢性前列腺炎。

方爲：丹參十克、女貞子十克、菟絲子十克、小茴香五克、台烏藥十二克、赤芍十克、桃仁十克、乳香十克、黃柏十五克、敗醬草三十五克、蒲公英三十克、王不留行十克，日服一劑，連續服用兩個多月，此病可癒。因爲藥用菟絲子、女貞子以固腎，小茴香、台烏藥行氣化濕，丹參、乳香、赤芍、桃仁、王不留行活血散結，黃柏清熱燥濕利水，敗醬草、蒲公英清熱解毒，消腫排膿。如果服中藥結合針灸，療效更佳。

本病屬於頑固難治症，如能耐心堅持治療，其病當可癒也。

原載於《大公報》1999年4月21日

前列腺肥大及其治療

前列腺肥大，即攝護腺肥大，也稱前列腺增生症，是較常見的老年男性病之一。前期在《保健》版上，筆者曾談到急性前列腺炎和慢性前列腺炎中醫針灸療法。前列腺肥大多由慢性炎症遷延所致。過勞、手淫、損傷後可誘發此症。慢性前列腺炎若不及時治療，會使膀胱肌肉肥厚，使尿道變形。這樣要增加膀胱的收縮力，尿液才能通過阻塞的部位而排出。時間久了，膀胱也漸漸失去了收縮性，貯藏在膀胱的尿液便會回流到輸尿管，不僅輸尿管擴大了，腎臟也同時肥大，實質上卻是萎縮了，終引起頻尿、失禁、出血、甚至尿中毒而致死亡。

中醫認爲，老年人之前列腺肥大多因氣血兩虛，腎精虧損、濕熱下注而成。證見會陰墜脹、陰囊脹痛、腰酸腿軟，乃至尿渾濁、尿痛等。治療宜益精固腎、清熱化濕、化瘀解毒。今介紹方家两劑中藥於病者，因前列腺肥大症雖頑固，但若能持之以恆服食，會有療效。

方一：當歸十五克，榆白皮、白檀香、酒黃柏、萆薢、乳茯苓、百節草各九克，琥珀四克半，水煎服，每日一劑。此方乃消炎、祛浮腫、利小便、補腎水的良方。方二：大黃一克半，牡丹皮、桃仁、蒼朮各四克，芒硝、冬瓜子各五克、薏苡仁八克，甘草一克。水煎服，每日一劑。

另有穴位敷貼，對輕症的前列腺肥大療效不錯。取穴：神闕（肚臍）。

治法：將神闕局部用鹽水洗淨，輕輕按摩，使局部微紅且有熱感，再用酒精消毒。然後用金匱腎氣丸（中藥店及百貨店有售）一、二粒製成銅錢大小藥餅外敷神闕穴，上覆生薑片，用黃豆大小艾炷放在薑片上灸，連灸六壯，灸畢去薑片，用紗布、膠布固定之。臨睡前囑用艾條灸藥餅十五分鐘左右，每兩天換藥一次，七次爲一療程。連續做幾個療程，就見成效。

目前中西醫界對針灸治療前列腺肥大寄予較大的期望。此因乃是，一無副作用；二是見效快，且成功率高。其取穴如下：腎俞、關元、中極、曲骨、三陰交或會陰旁穴（會陰穴旁開一寸）。

針灸若配合中藥，療效當更好。

原載於《大公報》1999年4月25日

針灸治脊柱彎曲的體會

筆者十多年來對治療脊柱彎曲方面不斷研究和探索，有所收穫和治療心得。凡患脊柱彎曲諸症，有脊柱拱起微駝者，有左右彎曲令背部畸形者，有整體彎曲者，有頸、腰等局部彎曲者，皆伴有背肌痛和腰痛。脊柱彎曲多是脊椎移位引起的。頸椎和一、二、三胸椎移位令頸強痛，胸椎、腰椎移位令背變形和微駝。

脊柱彎曲的原因，主要是長期持續保持一個特定的姿勢，肌肉爲了保護性適應，只得上下重新協調平衡，令經絡也隨之而行，遂牽引了脊柱變形、移位。香港學生的書包特別沉重，故林小姐自小學到入大學，長期來習慣用右肩揹書包，爲了遷就重量，只得向左傾斜以平衡身體，十多年學子生涯，此揹書包姿態終於令她脊柱變形而彎曲了。陳女士原是車衣工人，從小到婚嫁一直靠車衣幫補家用，爲了多掙錢，她忍着肌肉痠痛，日夜趕工，因長期保持同一姿勢，乃令其脊柱彎曲了。由此可見，司機們整天揸車，多會致頸椎移位，由頸痛輻射到肩和腰痛。寫字樓先生、小姐們整天埋頭書寫，打電腦等，頸椎彎曲壓住神經而疼痛。搬運工人因背負重量，日累月積，時間長了，多微駝。筆者認爲，治療脊柱彎曲最安全有效的方法是針灸，有此見解，筆者確醫癒過不少此類的病者。

關於頸椎移位的治療，前已介紹，今不贅述。治療脊柱彎曲的方法，首先得在彎曲移位的脊椎旁佗脊穴扎針。佗脊穴，又名華佗夾脊，其位置在於第一頸椎起到第五腰椎止，每椎棘突下旁開五分處。如果是脊椎突起、肥大，也可在椎棘突旁五分處扎針。根據「背如餅，腹如井」的原則，雖然書中規定可扎一寸左右，但因脊柱已偏離原來位置，爲免傷其內臟，不可循教條行之，應淺刺，至微脹、麻感則止。一般針了二、三個療程後，脊柱基本會自動變直。但要讓拱起的肌肉復形，還得扎背部隆起處的足太陽經，都須淺刺。

背部完全復原後，並非大功已告成，因爲胸椎連着肋骨、胸椎在糾正時，肋骨同時也在糾正，常會形成脇肋痛。必須再針灸極泉、外關、陽陵泉、內關，才能解除脇肋疼痛。這步驟也可以在針刺背部足太陽經穴時同時治療，可以縮短療程。這是筆者多年治療脊柱症的體會，願與方家切磋，而使更多人解除疾苦而福佑之。

原載於《大公報》1999年4月28日

針灸治寒邪成功一例

日前，有位劉女士來醫病，雖是春末季節，但香港氣候已很熱，許多人都穿起了短袖衫。而劉女士卻穿着羊毛衣，外披棉襖，肩上還搭條羊毛披肩。她見我眼光驚詫，就說：「陳醫師，我整天總是覺得陣陣寒冷，肚裡又咕咕響。兩年多來，連大熱天也要穿這麼多衣服。看過不少醫生，都不見效，只得來你處試試針灸。」還補充說：「尤其頸後那塊頸包特別凍。」我一摸，果然冰涼冰涼。這一涼，卻觸動了我治病的靈感。那部位正是大椎穴，位於第一胸椎之上緣，爲督脈陽氣之會，是身體的陽中之陽。若此處冰涼，諸陽無法宣通，難怪渾身發冷。當應給於其補陽益氣，調理氣機。

根據這個治則，我便爲她施針。針灸處方：大椎、陶道、風池、合谷、一和二胸椎旁佗脊、中脘、足三里和背五臟俞。

大椎、陶道是屬督脈，督脈是人體諸陽之總匯，同時是支配人體的陽氣和統攝眞元。佗脊有輔助疏通督脈、補益督脈的作用。風池、合谷治其風寒。足三里、中脘補中脘、壯胃氣、升陽而散寒邪。五臟俞（肺俞、心俞、肝愈、脾俞、腎俞）調五臟之氣血陰陽，扶正固本。

針後，我再用神燈照射穴位，尤其中脘和脊柱周圍，即督脈、華佗夾脊和背俞，以驅其所積寒邪。

因其症似張仲景《傷寒論》中的一種，即惡寒不出汗，便讓其服精製眞空濃縮中藥麻黃湯。方劑成份：麻黃三錢，桂枝二錢，杏仁三錢，炙甘草一錢，水煎二次，分服。

奇跡出現了，劉女士只針灸了六天，其病基本痊癒了。第二天來時，未着棉衣了；第三天來時只穿衛生衣和羊毛衣了；第四天來時，精神奕奕；穿一套運動衫褲，而且胃不再脹，汗微出，我便讓其改服桂枝湯，方劑成份：桂枝三錢，白芍三錢，炙甘草一錢半，生薑三錢，大棗四枚，煎服；第五天來時，就只穿長袖衫了；第六天，只是來鞏固療效。

治癒了劉女士，我更感到中醫理論指導針灸治療的重要性，即重視四診，辨證論治，對症扎針下藥，就可收到事半功倍的效果。

原載於《大公報》1999年5月2日

牙痛虛實症　針灸可止痛

王小姐捂着右面頰來求診，見到筆者就大喊：「陳醫師，快救救我呀，牙痛得我要死！陳山伯說你治牙痛最叻，他針了一次，幾年沒復發。」我笑說：「不知你有否如此幸運。」

檢查了她的口腔，見無齲齒，無紅腫，但口臭。此乃胃火盛，陽明經鬱熱，上犯齒部。必須疏通患部經氣和陽明經，以清熱止痛。於是，我便爲王小姐紮针，針了下關、頰車、合谷透勞宮、內庭。強刺激，不留針。針後，她牙齒即刻不痛了，直讚：「神針，神針！」

其實這也是我的幸運，不是針灸所有牙痛都能獲取神效。王小姐牙痛既無齲齒，又無牙病，只是胃火犯齒而已。我所針的穴位中，下關、頰車、內庭都屬陽明胃經，合谷爲手陽明大腸之原穴有鎮痛通經之功，透手厥陰心包經勞宮穴，能清心泄手陽明經之熱。因此，陽明之火一泄，疏通了牙部壅滯的經氣，經氣通了，則牙痛自癒。

牙痛病因很多，多種牙病都會引起牙痛，如齲齒，在遇到酸甜冷熱或機械的刺激就疼痛；牙髓炎，其疼痛是自發性的；急性牙周膜炎，牙齒有浮起的感覺，無法咀嚼，疼痛劇烈。髓石症，牙髓室中有鈣化物形成，壓迫牙髓神經，產生鈍痛；阻生牙，牙齒埋伏在頜骨裡，不能依照正常位置萌生，壓迫鄰近的牙根部或牙槽神經，發生隱鈍之痛；急性智齒冠周炎，第三臼齒因爲牙位不正，牙冠周圍有牙齦覆蓋或與鄰接牙間有縫隙，易嵌塞食物致發炎而劇烈疼痛；牙冠折斷，使牙髓暴露，遇冷熱或機械性的刺激或咬嚼過硬的食物不小心觸及牙髓而劇痛。諸如上述這些牙病引起的牙痛，必須找牙醫治療，針刺雖有止痛的作用，但無根治之效。

中醫認爲，牙痛有虛實之分，實痛多因胃炎引起，常伴有口臭、便秘等症；虛痛多由腎虛所致，常伴有牙浮、神疲等症，針灸常用穴：合谷、頰車、下關、牙痛穴。胃火加刺內庭以泄蘊熱，腎主骨，齒者骨之餘，腎虛加太溪以補腎。

中藥施治，胃火牙痛方，防風、荊芥、陳皮各十五克、石膏二百克、水煎、早晚各一次，一般三劑即癒。腎虛牙痛方：大生地、大熟地、骨碎補、玄參各九克，水煎服。

原載於《大公報》1999年5月5日

「皮膚飛蛇症」須盡早治療

「纏腰火丹」、民間有多種名稱，如「纏身蛇」，「纏腰龍」，「蛇串瘡」，「纏腰蛇」等，其發病多於春秋兩季，好發於面、胸、腹、四肢及臀部，常爲單側性。本病的特點是皮膚呈現紅斑水疱，融合成條素狀。其病情發展迅速，往往是晨起於手胸，晚上就蔓延到腿部或遍及全身。因其形態如蛇纏腰，因此稱爲「皮膚飛蛇症」，據稱，若「蛇頭」與「蛇尾」相接，就無藥可醫了。其病因多爲肝膽濕熱，蘊鬱成毒，氣血瘀滯，阻隔經脈，不通則痛，故以劇烈疼痛爲主症，毒熱入血液，外溢皮膚則見紅斑，濕邪聚積，形成水疱。《醫宗金鑒》云：「火丹由肝脾二經積熱，熱極生風所致，生於肋骨，延及腰胯，其色如霞，游走如雲，痛如火燎……」宜清熱，除濕化毒。

林先生，生「腰蛇」後到筆者處求醫，只見他腰肋部皮膚潮紅，簇集成群水泡，纍纍如串珠，排列成索條狀，且口乾渴。我知此病發展迅速，即用自製的蜈蚣雄黃酒，點塗腰蛇的首尾，以防相接（若無此酒，也可在首尾點刺出血）。然後採用王樂亭教授獨特的針法。即於龍眼穴放血。龍眼穴位於手小指尺側第二、三骨節之間，握拳於橫紋盡處取之。此穴位於小腸經脈中，屬於經外奇穴，有清熱利濕、活血化瘀的功效。龍眼穴放血，能瀉心火而清血熱。我又加針陽陵泉透陰陵泉，前者足少陽之脈所入爲合，後者足太陰之脈所入爲合，透穴以陽引陰，瀉肝脾積熱，清濕熱。再刺三陰交，此穴是太陰、厥陰、少陰之會，其功效健脾、化濕、疏肝益腎。每日一次，針一療程而癒。

筆者朋友黃女士，素長中醫藥，她告訴我，前二年她胸部生「蛇丹」，痛楚難言，她便用乾蜈蚣（越大越好）研粉調白醋塗患處，口服漳州「片仔癀」，竟然很快就痊癒了。

民間治「蛇丹」秘方很多，如，可用松樹（馬尾松）結果未成熟的蕾，在粗糙陶器上沾醋同磨成糊狀後塗患部，一天塗三次，連續塗至痊癒。或用未成熟柿子切去部分柿皮流出粘稠柿油直接塗患部，每天二次。或用新鮮草藥酢漿草和過路蜈蚣（耳草）適量與醋同搗爛塗患處，早晚各一次。用黃土浆调雞蛋白塗患处，干了涂，涂了干，反复之，就痊癒。

上述之法皆可見效。

原載於《大公報》1999年5月9日

鼻出血種種及治療

鼻出血，又稱鼻衄，是血液系統疾病或外感熱病及面部外傷常見病症之一。以大量出血爲其臨床表現。緊急止血是非常必要的，而針刺法更簡便，療效顯著，本文僅介紹幾種不同症狀鼻衄的針灸法和幾種切實可行簡易的急救法，以備不時之用。

中醫認爲流鼻血的原因多與肺熱有關，也常由肝火旺、肺胃積熱、頭風、肺腎陰虛，或挾陽明之經上行及撞傷鼻子引起的。所以常以清肺胃之熱爲主，兼鎮肝降逆治之。

肺熱上壅而鼻衄者，證見鼻流血，鼻乾燥，咳嗆痰少。治之宜清瀉肺熱，針灸可刺迎香、合谷、少商穴。少商點刺出血，合谷用瀉法，迎香斜刺，平補平瀉。

肺胃積熱而鼻衄者，證見鼻中出血不止，口臭、煩渴引飲。治之宜清瀉肺胃熱。針灸可刺上星、內庭、迎香、合谷。上星點刺出血，內庭直刺，迎香斜刺，均用瀉法。

肝火偏旺而鼻衄者，證見頭痛眩暈，目赤喜怒。治之宜清瀉肝火。針灸可針肝俞、膈俞、血海、委中。均用雙穴，肝俞用瀉法，膈俞用補法，血海平補平瀉，委中點刺出血。

頭風上溢於腦，證見血出如注。治之宜平肝、疏風。可點刺委中穴出血，瀉針太沖、俠溪，斜刺迎香。

肺腎陰虛者，證見潮熱盜汗，頭暈耳鳴、咳嗽不止，治宜滋養肺腎之陰，可補針大溪、三陰交穴，瀉針行間、風池穴。

婦女經前流鼻血、即倒經鼻衄，可點刺委中穴出血，針上星、足三里穴。

鼻碰撞出血，可針上星、迎香、合谷、太沖、內關。前二穴平補平瀉，後三穴用瀉法，血止留針半小時。外感熱病鼻衄者可針行間穴，用「繆刺法」。

一般鼻出血可用大蒜一枚去皮研如泥，作銅錢大如豆厚的餅字，左鼻出血貼左足心、右鼻出血貼右足心，兩鼻俱出俱貼之。或用面紙塞鼻，仰頭，以冷水拍打其額，雙足泡熱水血自止。

若因撞傷鼻子致糜爛性鼻出血者，可把雞蛋敲破，取內膜貼在患者鼻上，從印堂貼至鼻樑，乾後用雞蛋清濕潤，貼上第一天血即可止，連貼數天痊癒。

曾心医师供方：半個白萝卜絲炒線麵，三、五次就会痊癒，很灵验。

原載於《大公報》1999年5月12日

奇妙的「藥后瞑眩」現象

「藥後瞑眩」，就是服藥之後，病患者似乎突然病勢加劇或感覺如藥物反應似的。其表現不一，如戰汗、昏暈、目眩、吐水、心煩、流鼻血等，往往會令病家誤解、驚惶。其實，此乃病愈的佳兆。

有位名中醫告訴我，他曾爲某女士治虛腫症，她服其藥後病症原有好轉，但到第五天，某女士自覺頭昏腦脹，皮內如蟻爬行，隨之昏睡不醒。家人驚惶失措，請他上門一診。他趕到時，只見診患者全身皆冷，呼之不應。替她號脈，寸關尺三部都不應指，只有腳背「沖陽脈」微細如絲。用手張開她的眼瞼，瞳孔未見散大，嘴唇雖閉，尚能撬動。用面紙於鼻孔處驗之，紙有微動，面不青身體軟。他見狀，轉憂爲喜，便恭喜道：「這是藥後瞑眩，是病好的佳兆。」使囑其家人爲她蓋上棉被，讓其靜卧休息，千萬不要呼喚她，以免擾其元神。幾個鐘頭後，某女士醒來，身體也轉暖，便去小便，溺量很大。便後，病者自言輕鬆了許多。後仍照原方加減，調理半月而愈。

「藥後瞑眩」，並非罕見，歷代名醫對此皆有論述。但醫者、病家若無此知識，以爲是類如氣脫、屍厥，於是哭喊呼喚，乃反擾亂了病者的元神，容易造成反效果。《尚書》云：「若藥弗瞑眩，厥疾弗瘳。」現代名醫岳美中說：「深痼之疾，服藥中病則瞑眩，瞑眩愈劇，奏效愈宏。」瞑眩的出現，恰恰是疾病向愈的佳兆，疾病頓挫間，迅速向好的方面轉化。因爲痼疾邪盛正虛，服藥後，虛的正氣借助藥力奮然蹶起，與邪氣背水一戰，邪正分爭，在決定勝負之際，邪退卻了，而正雖勝卻也虛了，遂出現了瞑眩現象。如果此後繼續服藥再扶正，病情會迅速痊愈。

筆者在多年針灸臨床經驗中，發現針灸治病時也有類似現象。即往往會聽到病者訴說：「陳醫師，開頭幾次針灸很有效，但昨天針後似乎比前更加痠痛。」我檢查其脊椎移正了許多，或膝蓋已消腫不少，或肩膀硬結已軟解，此時疼痛加劇，正是正邪決戰後邪卻正虛的「針後瞑眩」現象，是向愈的吉兆，此後針灸，效應迅速，健康在望。但有些病者往往不理解箇中道理，以爲無效，悄悄走了不再續針，殊爲可惜。

願衆等前來就醫者，對「藥後瞑眩」之症狀有所共識，當可充滿信心地把病徹底治愈。

原載於《大公報》1999年5月19日

南北婦女陰挺有別

陰挺，即子宮脫垂，乃子宮從正常位置下降，甚則脫出陰道口之外的一種疾病。現代醫學對此尚乏理想的治療方法。

近讀名醫陳修園醫書，對他的成就不勝欽佩。他的《婦人陰挺論》很有創見，願許多醫者都來讀之，對此症進行探索，爭取有效治療而造福女界。陳修園醫師，是筆者同鄉，福建長樂人，生於清代乾、嘉、道光年間（約公元一七五三——一八二三年）。他學識淵博，醫理精湛，是位富有創見的醫學理論家和醫術超群的臨床醫家。他在臨床實踐中悟到陰挺症南北之迴異。此症南方婦女少患，治亦易癒；北方婦人常患，治卻少效。究其因，主要是南婦之陰挺由於病變，書上有方，按法治療多有效；而北婦之陰挺，由於氣習，病象雖同，而病源則異，醫之較難。

他自述，在福建家鄉為人治病三十七載，而陰挺證未見一人。辛酉年他到河北省當縣令，公餘也兼理醫道，才知道河北的婦女十人之中約有三、四人患陰挺症。重者子宮脫出陰道口者有一至四寸，大如指或大如拳，其形如蛇，如瓜，如香菌，如蝦蟆不一。或出血水不斷，或乾枯不潤，或痛癢或麻木不一，以致經水漸閉，面黃食少，羸瘦咳嗽吐血，寒熱往來，自汗盜汗，病成癆傷而死。輕者只覺陰部滯礙，不甚明顯也無甚痛苦，如果月經正常，尚能生育。時醫稱之疒，即癆病之意。北婦陰挺何以因氣習呢？因北方婦人風俗日坐濕地夜臥土坑，寒濕漸積，到春夏長夏，濕氣得暑氣而蒸騰，婦人值月經潮來，血海空虛，虛則善受，且終日坐於濕地而勤女紅針黹，土得人氣而漸乾，濕隨人氣以進陰道，此乃北婦陰挺的病根。知病根就對症下藥。陳修園對於初患者以五苓散加蜀椒、黃柏、小茴、附子、沙參、川芎、紅花合煉成蜜丸，每次服四錢，每日二次。外用以花椒、苦參、蒼术、槐花煎湯、入芒石熏洗，又以飛礬六兩、銅綠四錢、五味子、雄黃各五錢，桃仁一兩共為細末，煉成蜜丸，每重四錢，雄黃為衣，納入陰中，有奇效。如果久已成癆，經水不利，以溫經湯、腎氣丸為主，而龜板、鱉甲、蒺藜隨證加減，也會痊癒。

陰挺針灸也很有療效，穴位為：百會、關元、三陰交、氣海、命門、腎俞、脾俞、大赫、維道、曲骨、橫骨、太溪、足三里。加灸，補法。除百會外，每日可配伍取穴。

原載於《大公報》1999年5月23日

談談中風分類及症狀

《內經》云：風為百病之長，善行而數變。中風者分真中風和類中風。所謂真者，不過有別類似而已。中風在突發前，一般多有先兆症狀，如頭重腳輕、眩暈、精神興奮、手足無力，時而肌肉抽動、手指麻木、多痰、健忘、言語不利等症。發現以上症狀，千萬不可掉以輕心，最好馬上針灸，以降逆通絡，防患於未然。

中風病多發生在老年，由於平素氣血虛衰，心肝腎三經陰陽失調，在情志鬱結、飲酒暴食、房事勞累的影響下，生火，動風，成痰，風火夾痰升騰，致使氣血逆亂而中風。關於中風針灸治療法，筆者前已介紹，今不贅述，現只談談中風的分類及其癥狀，有助治療。

由於發病原因和患者體質不同，中風有中經、中腑、中臟、中血脈之分。

中經者，有六經的形證，表現部分肢體運動障礙，或半身不遂。中風較淺。

中腑者，與傷寒腑證略同，內有便溺之阻隔。

中臟者，性命危。有閉證、脫證之別。閉證：呼吸氣粗，面赤，無汗，四肢拘急或癱瘓，兩手握緊，口噤不開，痰結喉中，神昏不識人，二便不通，脈象為實，舌苔黃燥或焦黑起刺；脫證：呼吸無力，面色無神，多汗，四肢厥冷，弛緩不收，兩手撒開，口開脣緩，流涎，眼閉，神昏不語，喉中痰如曳鋸，二便失禁，脈象多沉遲細弱或虛火不整，苔白薄嫩。往往閉證病情惡化，也會轉為脫證。

閉、脫證中若出現以下情況，則是虛極陽脫之症，九死一生。即若口開，為心絕；眼合或上視為肝絕；手撒為脾絕；遺尿為腎絕；汗出如油，身如鼾睡，為肺絕及面赤如妝脈急大。

中血脈者，外無六經之形證，內無便溺之阻隔，非表非裡，邪無定居，或偏於左，或偏於右，口眼喎斜，半身不遂。治法戒汗下，唯潤藥以滋其燥，靜藥以養其血，則風自除。

在治療真中風、類中風中，清朝名醫陳修園有個忠告，今錄之，以戒「攻痰之誤」：「凡人將死之頃，陽氣欲脫，必有痰聲漉漉，是一身之津血將漸化為痰而死也。時醫於此症，開手即以膽南星、石菖蒲直攻其痰，是直攻其津血而速之死也。」當知此而慎醫之。

原載於《大公報》1999年5月26日

類中風種種及治療

類中風則是類似中風，如突然仆倒，不省人事，但無真中風的口眼歪斜，半身不遂的現象。其病因乃病後氣虛血虧，或房勞過度，或暴怒氣逆，或過飽感寒所致。類中風包括現代醫學的各種原因引起的暈厥和休克，針灸治療此類病症的效果較好，能恢復病人的意識，能調節其血壓，可單獨使用，也可和其他療法並用。實症宜通關開竅，虛症宜固氣回陽，兼症則隨症治之。

針灸選穴：人中、中沖、合谷、行間、百會、關元。如果口噤不開，加頰車、下關；胸悶腹脹加中脘、天樞，腹痛吐瀉加灸神闕、氣海；頭痛昏暈、浮腫加足三里、陰陵泉、太沖，神志錯亂、昏迷加內關、湧泉。

古人認為，類中風症更有因虛、氣、食、寒、火、濕、暑、惡等原因所成。

氣虛中，名醫李東垣認為因元氣不足則邪湊之，令人昏倒，僵仆如風狀。可用六君子湯加黃芪、竹瀝、薑汁和補中益氣湯治之；如果卒倒遺尿，元氣大虛，必重用白術、人參、黃芪，加益智仁主之；如果又有因惱怒氣、逆氣而突然仆倒，面青脈大，宜服景岳解肝煎主之；虛者六君子湯加烏藥、青皮、白芷主之。

火中，名醫河間認為五志過極，動火而卒中，乃實火，應以白虎湯、三黃湯治之。如果是鬱火，必須以逍遙散疏之；如果是表裡的邪火，應以通聖散、涼膈散雙解之；如果是陽晒生火，應以六味湯滋潤之。如果上焦火阻塞者，宜轉舌膏。有中脾緩舌強不語者，宜服資壽解語湯。

濕中，名醫朱丹溪認為東南氣溫多濕，有病風者，非風也。由濕生痰，痰生熱，熱生風，宜二陳湯加沙參、蒼朮、白朮、竹瀝、薑汁主之。

食中過飽，太陰經不通而昏厥，以平胃散加減煎服或探吐之。

惡中，聞異氣而昏倒，不省人事，其脈兩手若出兩人，乍大乍小，以蘇合香丸灌之。

寒中，因暴寒之氣入體，手足厥冷腹痛吐瀉不止，遂昏迷，唇青脈細沉，以四逆湯灌之並灸關元穴。

暑中，受夏日暑氣而昏迷，自汗面垢，吐瀉脈虛，以千金消暑丸灌之，立甦。

原載於《大公報》1999年5月30日

鎖喉風的治療

鎖喉風指喉結處的癰。多因風熱搏結於外，火毒熾盛於內，肺失清肅，火動痰生，痰火邪毒停聚於喉所致。其症狀爲咽喉腫痛，連及頸頰迅即痰涎壅盛，言語、呼吸、吞咽困難。嚴重者牙關緊閉，神志不清，咽喉內外俱腫，迅速窒息而死。白喉即是其中一種。白喉是一種烈性傳染病，因白喉桿菌侵入咽部而引起。多發生在秋末、冬季和春初，十歲以下的兒童患本病的最多。主要的傳染方式是飛沫傳染。通過食物也可以傳染。檢查可見咽部有灰白色的假膜，最初發生在扁桃體上，以後可能蔓延到軟腭、懸雍垂和咽後壁等處。它跟喉蛾的區別是灰白色假膜不易拭去，如果勉強拭去，常引起出血。白喉桿菌產生一種毒素，被吸收到血液後，會損害身體上重要器官，如心、腎、神經等。白喉向呼吸道蔓延，可致阻塞呼吸通路而窒息死亡。記得兒時在鄉間，曾有小童死於白喉，於是衆人談白喉時皆色變。

治白喉，西醫可注射白喉抗毒素。

中藥可用蒼耳子煎水服之，甚驗。或用廣東萬年青搗汁灌之。

治鎖喉風宜解毒消腫，清熱利咽，開竅豁痰。

針灸可用三稜針於少商、商陽、關沖等井穴點刺放血，擠出一、二滴，然後針下關、頰車、合谷、曲池，強刺激不留針，均取雙側穴位。每日一次。

民間治鎖喉風有許多良方。

如果出現咽喉紅腫疼痛，呼吸困難，牙關拘急，口噤如鎖，急用甘菊花根洗淨搗汁灌下。

治鎖喉風也可用一根鵝毛，沾桐油入喉捲攪，痰即隨油吐出。服甘草水可解油氣。後服下方：射干、升麻各十二克，豆豉、杏仁各九克，川芎六克，甘草四克半，犀角二克半，水煎分三次服。

如喉痛紅腫、口渴、灼熱、譫語、便秘、痰熱壅於上焦者。可用花粉、玄參、金銀花各十二克，山梔、大貝母、川大黃、犀角各九克，薄荷二點四克，玄明粉六克，竹葉二十片，黃芩四克半，黃連一克，水煎服。

原載於《大公報》1999年6月2日

毒蛇咬傷急救法

七十年代初，在內地，在「知識青年接受貧下中農再教育」期間，筆者也恰在農村。有一天，農民陳某的腳被竹葉青毒蛇咬傷，人們立即用汗巾將傷口上部紮緊，以阻斷毒液上延，然後求醫於筆者。我見狀馬上請他先服下一碗好醋，使毒氣不致隨血走，又令傷者抬高患肢，不讓走動，以防毒液吸收。接着我便用三棱針點刺「阿是穴」，刺到出血滲液為正，然後在該處拔火罐，吸拔二十多分鐘，吸出了瘀血和毒液。同時用銀針扎外關穴，透刺內關，採用瀉法，提插捻轉，留針二十分鐘，每隔五分鍾運針一次，出針後用藥棉壓迫針眼數分鐘，以預防咬傷後蛇毒所致而出血不止。針罷，我又上山採半邊蓮煎湯給他內服，藥渣敷於傷口周圍。半邊蓮有解毒利尿之功。每日一次，五天後基本痊癒了，囑繼續服食半邊蓮而盡清其毒。

毒蛇的毒液腺能分泌毒液，人被咬後，皮膚上會留有深陷而成對的點狀齒痕，毒液經齒痕進入人體，使人中毒。蛇毒分神經毒（風毒），血液毒（火毒）和混合毒三種。神經毒：可使中樞神經和肌迅速癱瘓。臨床表現為，局部傷口先有痛癢感，繼之灼痛，瞬即感到麻木，並向上蔓延。出現淋巴結腫大和壓痛、眼瞼下垂、視物模糊、流涎、頭暈、嗜睡、四肢無力、牙關緊閉、言語不清、呼吸困難等症狀，若未及時搶救，可在數小時至一天中死亡。金環蛇、銀環蛇、眼鏡蛇等皆屬於神經毒爲主的毒蛇。血液毒：咬傷局部劇痛及明顯腫脹，皮膚發黑、出血、水泡、淋巴結發炎、全身高熱寒戰冒冷汗、心悸煩躁、噁心嘔吐、咯血、尿血甚至神昏譫語，最終死於循環衰竭。蝮蛇、五步蛇、烙鐵頭、竹葉青等均爲含血液毒的毒蛇。混合毒則可同時出現上述兩類症狀。

民間有許多治毒蛇的驗方。記得兒時，見鄉親被毒蛇咬傷，即用一個雞蛋敲破小口，罩於傷口上，用力按住久久，雞蛋一變黑色，即棄之，再換上另一個新蛋，如是反覆使之，直到腫勢全消，所用雞蛋不再發黑爲止。同時另取一蛋敲碎，內服雞蛋清，每日一次，見效即快。或用鮮蒲公英一把搗爛貼患處，或魚腥草水煎服，渣搗爛敷患處。

原載於《大公報》1999年6月16日

喉蛾針灸有奇效

喉蛾又名乳蛾，病在咽喉部（即扁桃體），因其形似乳頭，狀如蠶蛾而得名。西醫謂急性扁桃體炎。之起因，多因鏈球菌、葡萄球菌侵入扁桃體引起發炎所致。中醫認爲多因肺胃熱壅，火毒熏蒸，或因氣滯血凝，老痰肝火結成惡血；或因肝腎陰津虧損，虛火上炎，或因過食辛辣，疲勞過度，五志化火而誘發。病發於喉核爲喉蛾，發於一側爲單蛾，發於雙側爲雙蛾。三者症異而治法同。證見喉核紅腫疼痛，表層有白色化膿點，口臭，便秘，湯水難咽，身發寒熱。它與白喉的分別。喉蛾扁桃體明顯充血，腫大，有黃白色點,片狀滲出物，但易拭去，拭後不出血。

針炙治療喉蛾有立竿見影之速效。值得注意的是，不論體針、耳針，在施術中應囑患者作呑咽動作是非常必要的。針治原則，以疏泄蘊熱爲主。

針灸穴位：天容、少商、合谷、曲池。中刺激，每天一次，刺天容感應要至咽部，少商點刺出血。天容內是扁桃體部，刺此以疏遣局部雍滯之氣，少商點刺出血以疏解肺經風熱；曲池、合谷以泄陽明蘊熱。

治喉蛾有許多秘方，今舉幾方而用以救急。

一、天竹葉、黃柏，洗淨共搗汁加好醋少許，調和含口中，漸漸咽下，毒消自癒。

二、喉蛾可用鮮射乾頭煎濃醋洗去痰涎後，吹入

冰硼散（各中藥店有售），內服甘桔湯。甘桔湯成方爲：甘草一錢、桔梗錢半、連翹錢半、花粉二錢、生地二錢、玄參一錢、荆芥二錢、鼠黏子二錢，清水煎服。

三、金銀花、玄參各十二克，連翹、桔梗、淡竹葉、牛蒡子各九克、甘草六克、荆芥四克半、薄荷三克（後下），水煎分三次服。

四、穴位貼敷療法：取穴位合谷，用朱砂、冰片、輕粉等量共爲細来，取獨蒜一枚，共搗爛如泥，裝入半個核桃殼內，扣在合谷穴固定，一晝夜取下，穴上必起黑紫色水泡，消毒後刺破，令水流出，外塗龍膽紫（紫藥水），並防止感染。

原載於《大公報》1999年6月6日

「少年髮白」有治法

老年人髮白乃是一種生理現象，青少年髮白者則是種病態。中醫認爲「髮爲血之餘」「腎主骨，生髓藏精，其華在髮」，所以氣血旺盛，腎氣充足，則秀髮烏黑油潤。令人欣羡。青少年髮白者，多因陰血虛少，腎氣不足，或憂思傷脾，或肝鬱氣滯，瘀血閉絡等，令髮失濡養所致。治則宜補腎益精，疏肝寧神，行氣養血。

筆者曾識一少年，因他母親逝世悲傷過度又高考名落孫山，致精神抑鬱不樂，加之家貧缺乏營養，至使他「早生華髮」，令我深感同情。後來，幾年不見，他已大學畢業，又官運亨通。一旦相遇，眞有「士別三日，當刮目相看」之慨，竟見他精神煥發，滿頭烏髮。問之，他說其實並無染髮，也許是心境達觀、營養充足使然。

非原發病者而少年髮白，只要避免精神過度緊張或抑鬱，保持樂觀心境，補充足夠蛋白質、維生素類營養後，就會令白髮返黑。

許多醫家在治療少年髮白上積累了寶貴的經驗，今選出幾個、行之有效的良方良法方便讀者，如有少年髮白者，不妨一試。

一、塘虱魚煲黑豆、當歸、何首烏。二、將白蜜塗在拔去白髮的毛孔上，即長黑髮。如不生，取梧桐子搗汁塗之，無不生者。三、黑芝麻粉、何首烏粉各一百五十克，加糖適量，煮成漿狀，開水沖服，每晚一碗，半年後可使白髮轉灰，灰髮轉黑。四、土馬駿、五倍子、半夏各三十克、生薑六十克、胡桃十個、膽礬十五克共為末，搗作一塊，每以紗袋盛少許入熱酒浸汁洗髮一個月。有效。五、大蒜二瓣、薑一塊，搗成泥狀，擦頭皮，再用水沖洗。可噴些香水，減少大蒜味，連續擦三、四個月即可生效。六、黃芪三十克、肉桂九克、全當歸三十三克、生地十八克，茯神、熟地、黨參、白朮、麥冬、茯苓、陳皮、萸肉、杞子、川芎、防風、龜板各十五克，五味子、羌活各十二克，共研爲粗末，裝入紗袋綁好，浸高粱酒十斤，密封，約半個月即成，每日早、午、晚各飲一杯。連服二劑量，不但白髮轉黑，且身體強壯。

還可以選用還少丹、養心湯、杞菊地黃丸內服、再配合頭部保健按摩，當可愈。

原載於《大公報》1999年6月9日

中醫治狐臭有良方

狐臭，又叫腋臭，是與生俱來的，雖不疼痛，但會發出一種同狐狸身上一樣的腥臭味，非常難聞，特別是夏天汗多的時候更甚。患者的內衣胳肢窩處，因汗漬故而發黃發黑，難以洗去。狐臭令患者煩惱，也令旁人難忍。

記得兒時，祖母常告誡筆者，若聞到狐臭時千萬別當其面道給對方知，否則自己身上也會發出狐臭。今日思之，頗具迷信，也許是祖母教育我講禮貌、尊重人的苦衷。常也聽村婦聚談時說某人狐臭嚴重，曾問過其妻，其妻竟說聞不到。也許久居蘭室之內不聞其香，久處鮑肆之中不知其臭，也或眞如她們所說，有夫妻緣的人是聞不到對方的狐臭味的。

奇怪的是，筆者覺察有狐臭的男女多數長得很漂亮，這更增加患者的遺憾。有人曾到醫生處將腋下長毛的汗腺割去，但也無補於事，因爲狐臭短期消失後又會捲土重來，致平白增加金錢上的損失和身心痛苦。

筆者曾教人用樟腦、蛤粉等量共研成末搽之，其臭味全消，不妨一試。台北名中醫周洪范先生打破「秘而不傳」的保守思想，多年來努力搜集民間秘方，其中有狐臭斷根驗方數則敬錄，眞乃狐臭患者的福音，今轉錄如下：

一、用好醋調石灰粉，先將患部淸洗乾淨，拭乾後再塗敷，每日二次，至好爲止。米醋具有殺菌功效，也可收斂汗腺，抑止汗腺分泌過度。

二、生薑一大塊，切成兩半敲碎，用來擦拭胳肢窩，至汗乾爲止再換，擦時患處會有微痛但無不良反應，放心使用，每日數次、至治癒爲止。也有人將切過的薑片，先以火烤後再擦，同樣能達到治療的目的。所使用的薑片，愈老愈有效。

三、蜜陀僧（中藥舖有售）研成細末，和麻油調擦胳肢窩。或用熱饅頭切片摻細末，夾在胳肢窩，睡片刻待饅頭冷時除去，此法效果更佳，可以一試。

四、取胡桃之實，研成細末，加水調成汁，拭於腋下有效。

目前藥房有許多治狐臭噴劑，當然亦可試試。

原載於《大公報》1999年6月13日

流泪症的中醫治療法

流淚症是指非外障眼疾引起，不受情志影響而以流淚爲主證的眼病。流淚症有冷淚和熱淚之分。冷淚多因肝腎俱虛，精血虧損，復感外風所致。證見眼不紅痛，無時不淚下，迎風尤甚，初起夏輕冬甚，久則冬夏皆然，淚液清稀，其脈多細弱或虛。治則宜補肝腎、明目。

熱淚多因風熱外襲，肝肺火旺，或陰虛火熱所致。證見眼赤腫痠痛，羞明不適，淚下黏濁，迎風加劇，淚下有熱感，甚至淚熱如湯。舌苔黃，脈弦數或浮數。治則宜疏風清熱、養陰平肝、明目。

本症當注意與漏睛症相鑒別。流淚症以淚液經常不由自主地流出眼外爲特徵；漏睛證乃內眦部的目竅常有濃汁和黏液流出，擠壓睛明穴處，可見膿液自淚竅而出。

針灸、服中藥、刮痧和指揉穴位都有療效。

針灸選穴:攢竹、陽白、上迎香、魚腰、風池、腎俞、肝俞、太沖、合谷。

攢竹、腎俞能壯腎水，養肝木，以通淚道，陽白、上迎香、魚腰可宣氣明目，風池爲祛風要穴，肝俞、太沖有補肝之功，合谷有升而能散之力，可加強諸穴的作用。

刮痧：操作時，病人先取俯臥位，選取邊緣光滑圓潤的瓷勺或水牛角板，以食油或水爲介質，刮取風池、肝俞、膽俞穴，至出現痧痕爲止；後再令病人仰卧，刮取三陰交至出現痧痕爲止。若爲冷淚加刮腎俞、腰陽、身柱穴；若爲熱淚加刮陽白、太沖穴。每日一次，並常以指頭點揉攢竹、瞳子髎、四白、睛明、承泣穴。

中醫治流淚症也有許多良方。

治冷淚：一、熟地二百四十克，山藥、枸杞、萸肉、菟絲子、鹿角膠、龜板各一百二十克，牛膝九十克，製成丸劑吞服，每服九克。二、甘菊花一百二十克（去梗葉炒），研爲細末，煉蜜爲丸，如桐子大，每服九克，空腹時用溫酒或青鹽湯送下。三、甘菊花、枸杞各六克代茶飲。症狀較重者加巴戟肉、肉蓯蓉各六克，煎服。

治熱淚：一、菊花六克，生石膏十五克，代茶飲。症狀較重者加黃芩、黃連各六克，煎服，頗有奇效。二、桑葉、菊花、金銀花、防風、歸尾、赤芍、黃連，煎水，趁熱先熏後洗。

原載於《大公報》1999年6月16日

「鬼剃頭」的中醫療法

斑禿俗稱「鬼剃頭」、「咬髮癬」、「油風」。中醫學認爲，髮爲血之餘，血氣旺則毛髮豐盛，失血或病久，氣血衰弱不能隨氣榮養皮膚，以致毛孔開張，風邪乘虛襲入，風盛血燥，髮失所榮，故鬚髮等脫落。另方面若腎氣足，則頭髮烏黑而茂盛；若腎精虧耗、則毛髮枯槁而脫。此外，七情所傷，臟腑壅滯，氣血逆亂，經脈閉阻，也會突然脫髮。表現爲頭髮呈局部性斑狀脫落，脫髮區邊緣的頭髮脆弱易折。嚴重者頭髮全部脫落，稱爲「全禿」。甚至鬍鬚、眉毛、腋毛、陰毛全部脫光，稱爲普禿。

治斑禿可採用梅花針配合體針療法及中藥、外用藥綜合治療。

如果局部斑禿，先用梅花針叩刺斑禿局部，然後用鮮薑片擦之。或用洋參浸高粱酒。每次取一段洋參，倒一點酒，用洋參橫斷面蘸酒擦之；或用旱蓮酊（旱蓮草二十克，蒸二十分鍾，候冷，加百分之七十五酒精二百毫升浸泡二、三天，去渣取汁）搽患處；或用複方斑蝥酊；或用桃仁油銻膏（將銻研成細粉，摻入桃仁油中，混勻成糊狀，外擦患處，每日二、三次）。

體針取神門、三陰交、內關、築賓。另外，在禿髮區邊緣及周圍針刺，也有一定療效。

全禿、普禿除上述外用藥外，可針灸防老穴、健腦穴、生髮穴及百會。配穴：兩鬢脫髮甚者加頭維，瘙癢者加大椎，油脂多者加上星，腎虛加腎俞或太溪，失眠者配安眠或翳明。

斑禿根據病機，宜滋補肝腎，養血寧神，益精祛風。青壯年氣血衰弱，髮落不生者，可服宋世勛醫師名方（宋世勛名方：首烏30克、熟地24克、枸杞15克、麥冬15克、當歸15克、黑棗33克、元肉15克、黃柏9克、西党15克、白术12克、茯苓12克、廣皮9克、五味子9克、膽草12克），年老腎虛可服金匱腎氣丸加鎖陽、菟絲子之類。

註: 防老穴：百會後一寸；健腦穴：風池下五分；生髮穴：風池、風府連線中點。

原載於《大公報》1999年6月20日

真性霍亂急救法

問：近日本港新聞報道有市民患了霍亂症，究竟霍亂的症狀如何？怎樣急救？

答：霍亂是一種傳染病，四季可發生，只是夏秋兩季較甚。

遇到此症，港人往往即打九九九求援，送醫院急症室。但若路遠，刻不容緩之際，自行救急，可免意外。今介紹一些切實可行的辦法：

霍亂又稱絞腸痧、吊腳痧等。是由霍亂弧菌而起，上吐下瀉，兩唇發青，瀉出大便如白色米泔。霍亂分爲眞性霍亂與假性霍亂。而眞性霍亂，又稱爲寒性霍亂、濕霍亂；假性霍亂又稱熱性霍亂、乾霍亂。

真性霍亂的症狀是體溫下降、脈細聲嘎，手指螺紋驟癟，四肢厥冷，兩目深陷，肌肉頓消，腹有痛或不痛，一晝夜間連瀉數十次，水乾即死，死時其神不昏。

遇霍亂症，如離醫院較遠，急用生薑兩片、中夾食鹽，蘸水用力擦病者胸口，擦斷再換兩片，約十五分鐘，其吐即止。再擦十二脊椎到尾閭之間脊骨兩旁，一刻鐘，其瀉也止。

清代名醫王孟英在所著的《霍亂論》中指出：「凡毒深病急者，非刮背不可，蓋以五臟之系，咸附於背也，又須自輕而重向下刮之，則邪氣亦隨之而降也。」

可服陰陽水一碗，即沸水半碗，自來水（井水、泉水均可）半碗，混合服飲，服後排出即癒。

或先將菜鍋燒紅，傾入食鹽約一兩，炒至極焦，然後注入清水一碗，煎濃服用，吐瀉即止。

患者如有腹痛、轉筋的情形發生。此乃垂危之象，急用大蒜頭二三十瓣，去皮搗爛成蒜泥，敷在兩腳心上，馬上送院治療。

（編按：本欄特別邀請陳娟、杜仲兩位中醫師爲讀者解答有關中醫保健的問題，來函請寄本報「保健版」編輯收，或傳眞二五七四一八三七）

原載於《大公報》1999年6月23日

假性霍亂急救法

有人問及霍亂症狀與急救法，筆者前期已對眞性霍亂方面作了回答。霍亂分眞性霍亂與假性霍亂。假性霍亂又名熱性霍亂、乾霍亂。其症狀：患者胸腹悶脹，欲吐不吐，欲瀉不瀉，但亦吐而不瀉，瀉而不吐，也有吐瀉者，中醫稱爲痧脹，如治不得法，就會危及生命。

凡上不得吐，下不得瀉，腹痛欲死者，急用食鹽

五錢或一大匙，煎至顏色呈黃，冲童子尿一杯，溫水送服，過一陣，吐下即癒。

或用食鹽一撮放在刀口上,火上燒紅，用陰陽水調服（陰陽水者，即一半開水，一半冷水。腹痛漸止，再用藿香、陳皮各五錢，用黃土澄水（即地漿水）二碗煎服，雖垂死也能救活。

或用炒鹽放在肚臍上，以艾火在鹽上燒之，燒至痛爲止。

患假性霍亂者，若生命垂危應以針灸法治療。即以三棱針一枚，在患者舌下金津、玉液兩穴、臍上的水分穴及臂彎的曲澤穴各施一針，令出血。放血後便轉急爲安。若以清水一盆盛血滴，可見血是黑色的。

應細看患者背部和心胸，如發現紅點，急用針挑破，出血即癒，遲了就難以救治。

也可以將明矾末二、三錢，用陰、陽水調服治乾霍亂。

霍亂患者，不可給予飲食，並忌食薑，入口莫救，切記謹記。

霍亂是傳染病，患者應隔離，以免傳染他人。罹此症要盡速醫治。

原載於《大公報》1999年6月28日

癲癇的症狀及治療

讀者黃先生來信問：我有位親戚，經常突然昏倒，口吐涎沫，並作豬羊聲，是否癲癇症，請問如何治療？

答：你的親戚患的正是癲癇症，癲癇俗稱羊癇風，是一種發作性精神失常的疾病。多因驚恐或神志失調、飲食不節、勞累過度，傷於肝、脾、腎三經，使風痰隨氣上逆，經氣紊亂清竅蒙蔽而成。證見一時失神，面色淡白，雙目凝視，但迅速恢復常態。或突然昏倒，口吐涎沫，瞳孔散大，頭、眼轉向一側，作豬羊聲。或有牙關緊合，四肢抽搐，昏不知人，甚至二便失禁，但醒後一如常人。具有突然性、短暫性、反覆發作的特點。治則宜開竅化痰、平肝熄風。

從前，我鄰居有位青年患有羊癇風，每當他羊癇風發作不省人事時，他的姐姐便取菜葉或青草放他口中，奇怪的是，立即就甦醒了。後來有好幾年未見他發羊癇風，問之，他說服「橄欖膏」後痊癒了。其製法：青橄欖一斤砸破放砂鍋內熬十數沸，去核後再搗爛，繼續熬，熬至無味去渣，熬成膏，加白礬二十四克（研末）攪勻，早晚取膏九克，開水送服。

針灸治癲癇也很有療效。常用穴：風池、風府、

大椎、人中、腰奇、筋縮、陽陵泉、三陰交、百會、心俞、肝俞。取風池、風府、大椎以清泄風陽，寧神醒腦，人中調節陰陽之氣而開竅蘇厥；腰奇、筋縮是古人治療經驗效穴，陽陵泉（筋會）以緩筋急，三陰交以調足三陰之氣，百會能醒腦，心俞以安神肝俞平肝熄風。

癲癇患者應少吃會使血液酸化的東西，如魚肉、動物性脂肪、糖等；忌絕刺激性物品如煙、酒等。

註：筋縮：第九胸椎棘突下；腰奇：第二骶椎棘突下。

原載於《大公報》1999年7月2日

狂狗瘋狗咬傷之救治

林小姐問：近日，在荃灣麗都灣海灘發生一起鬥牛格鬥狗傷人一事，每想此，心有餘悸。新界居民多養狗看家，有时一家竟養了七、八隻之多。當主人買了新居上樓時，這些狗隻無法帶去，又不忍心人道毀滅，只好讓牠們自生自滅，成了野狗。請問，若不幸被狂犬咬傷，除了打九九九送院急診外，可有什麼急救法？

答：若被狂犬咬傷，急於咬處針刺，令其出血，或用拔罐法拔之，使毒外出。若無火罐、竹罐可用瓷牙罐代替。並立即檢查頭上有否紅髮，因爲若是被瘋狗咬傷，其毒上攻，頭上便會生出紅髮，須馬上扯去，男子十一日，女子十四日內可治，過期不救。

發現瘋犬咬傷後應盡快注射瘋犬病疫苗，但若不是瘋犬咬傷，最好不要注射瘋犬病疫苗，因為此乃“以毒攻毒”法，若無瘋犬病就會中毒。有位朋友說，她有幾位相識（都道出其真姓名）被一般狗咬傷而注射過瘋犬病疫苗，幾年後都患了癌症，其中是否有關連尚待進一步研究。治瘋狗咬傷除刺血和拔罐拔毒外，另用葱白六十克，生甘草十五克煎洗患處，並用玉真散（天南星、防風、白芷、天麻、羌活、白附子各等分）外敷。內服下方：斑蝥七個，去頭足翅同米炒黃，米去不用（若患者虛弱，只用三、四個），生大黃十五克，金銀花九克、僵蠶七個，酒水各一碗

煎至碗半，飽時服。服後小便會解下血塊，候至小便清白，方始毒盡，然後食溫粥一碗。百日內忌聞鑼鼓聲，須避於幽僻之所。忌食豬、羊、兔、雞、魚、酒、葱及發氣動風之物，犯之復發難治。

若只是被狂犬咬傷，其治法：一、將天南星研末調姜汁抹在患處，傷口流出黃水即好；二、夏枯草（全草）一百克左右，搗爛敷患處；三、野菊花（根、莖、葉並用）二百五十克洗淨，一半搗爛敷傷，一半絞汁內服。忌食如上列食物。

原載於《大公報》1999年7月7日

答盧先生「足趾麻痹變黑」問

日前收到讀者盧先生來信，自述他年屆花甲，素來喜登山運動，身體原很健康，去年突感右邊小腿痛，便用風濕膏敷貼，數日後竟致足趾麻痺，一年來經多方醫治，足趾麻痺不但未減，連足趾也變黑了，近來膝蓋也腫痛起來。他沒有糖尿病，問會否患黑甲病，病情會否更加嚴重，應如何施治。

盧先生小腿痛時若及時針灸，打通經絡，就會針刺病除。之所以導致足趾麻痺，因為足趾是足太陽膀胱經、足少陽膽經、足陽明胃經、足太陰脾經、足少陰腎經、足厥陰肝經的根。《內經》曰：「氣（經氣）為血之帥，氣行則血行」，經絡不通，所以血脈阻塞於經根麻痺致瘀，因此其趾甲變黑。指甲、趾甲變黑是糖尿病的一個症狀，盧先生沒有糖尿病，當然不是「黑甲病」。但不知盧先生患有足癬否，若有足癬，指甲就會變灰，即「灰甲病」。

「正氣存內，邪不可干」，因為足趾麻痺，小腿疼痛，下肢正氣不足，風邪濕濁就易侵入。盧先生經常登山，不經意中也許扭傷膝關節，引致風濕侵入。也許是膝韌帶損傷，也許是患鶴膝風，這得具體診察才知。筆者在長期針灸臨床經驗中，發現許多喜行山運動的老年人患有膝腫痛症。其實筆者較主張「適齡運動」，希望患膝痛症的人再莫登山運動，多作「千步走」。建議盧先生最好去針灸治療，配服中藥，雙管齊下，迅速治癒疾患。如果延醫誤治，病情會更加嚴重的，日久腿經肌肉瘦削，膝骨見大致畸形。因膝骨變形、磨損、沙沙作響，足趾也會變形而痛，漸致下肢癱瘓，切莫掉以輕心。

原載於《大公報》1999年7月12日

中暑症狀及施治

偉強讀者來信問：我們幾位同學想趁暑假登山遠足，但天氣炎熱，家裡人擔心我們會中暑。請問中暑症狀如何，萬一中了暑該怎麼辦？

答：中暑是夏天常見的一種疾病。因夏令時節暑氣逼人，地濕上蒸，人處其中，感受暑熱或暑濕穢濁之氣，致邪熱鬱蒸，此時在烈日下勞作或長途勞頓，暑熱乘裡或暑濕傷人，則會中暑。輕症可出現頭痛、頭昏、胸悶、噁心、口渴、汗閉高熱、煩躁不安、全身疲乏和痠痛。重症者，則清竅被蒙，經絡之氣厥逆不通，出現神昏痙厥，或津氣耗傷過甚而虛脫。其表現爲汗多肢冷，面色蒼白，心慌氣短，甚至神志不清，猝然昏迷，四肢抽搐，腓腸肌痙攣以及周圍循環衰竭等現象。

若發現中暑，迅速將病人扶至陰涼通風的地方，卸去裝備，仰卧休息，解開衣扣、腰帶，擦乾汗水，用扇子煽風，給喝些淡鹽水（暑天外出須帶些鹽），發燒的用濕毛巾冷敷，一般輕症很快就可復元。依真插隊時中暑，小便急又拉不出，一農民見他不斷進出廁所，便炒了一碗粗鹽叫他即時咀嚼，鹽竟是味苦的，結果約二十分鐘左右，拉尿如血，暑消了。

中暑輕症合稱「發痧」，所以在野外若遇到中暑，刮痧旣方便安全又見效。即用瓷湯匙或瓷碗邊，或牛角梳背蘸水刮病人的前胸、背部正中、雙側腋窩、肘窩，直至皮下出現紫紅色斑點爲止。也可用推拿療法，即掐人中，重推拿合谷、，內關、肩井。

針灸對中暑有很好的療效。施治原則：以清泄暑熱爲主，輕症佐以和胃，重症輔以開竅固脫。刺十宣（先刺出血）、百會、人中、湧泉。若痙攣，上肢加針合谷、曲池；下肢加針委中、承山。發熱加大椎、曲池。

中暑也有許多中成藥，如生脈散、清暑益氣湯、黃連香薷散、六一散、藿香正氣水等，昏迷灌之。

原載於《大公報》1999年7月16日

補益藥及進補須知

有讀者問本報保健版貝贊浦撰《濫用人參危害健康》一文，表示獲益不淺，問到底哪些中藥屬補益藥，進補需注意哪些？

答：濫用人參，的確爲害不淺，因爲人參雖屬補藥，但若誤用則反致害，用過量者必受損。記得少時，有位親戚身體很好，但癖好進補，有天用二兩多人參燉番鴨吃，食後漸覺雙目模糊，數日後竟雙目失

明，遍治罔效。幸我母親喜搜集單方，曾記得清代有位名醫用梨汁治癒誤用人參致盲一醫案，便叫他大量服食山東梨，食了一個多月，竟雙目復原，視物如故了。

所謂補藥，即凡能補益人體氣血陰陽不足，改善機體的衰弱狀態，以治療各種虛證的藥物，統稱爲補益藥。以補益藥物爲主組成的方劑，稱爲補益劑。補益藥可分爲補氣藥、助陽藥、養血藥、滋陰藥。補氣藥，有補肺氣、益脾氣的功效，如人參、黨參、黄芪、甘草、白朮、山藥等，助陽藥具有補腎陽補脾陽的功能，如肉桂、仙茅、淫羊藿、巴戟天、鎖陽、鹿茸、補骨脂、肉蓯蓉等；補血藥就是治療血虛證的藥物，如熟地、何首烏、白芍、當歸、阿膠等；滋陰藥，能治療陰虛病證的藥物，如生地、沙參、麥冬、石斛、天冬、玉竹、枸杞、鱉甲等。

外邪未盡雖有虛象，但不可過早服用補益藥，應以祛邪爲主，或用攻補兼施的辦法；脾胃虛弱的患者，要愼用補陰、補血等滋膩品；補氣與補陽的藥物，性多溫熱，容易助火傷陰，因此，陰虛陽亢的患者，應愼用或禁用此藥。

要遵照不虛不補，缺啥補啥的原則，有的放矢，對症下藥。

原載於《大公報》1999年7月19日

答關於水腫問題

鄧女士來信詢問，她今年四十二歲，面部和下肢浮腫多年，經期不定，整天精神恍惚，面色蒼白，爲何會這樣，應如何治療？

鄧女士患的是水腫病，水腫病與脾肺腎的病變有關，如肺失肅降，脾失健運，腎失氣化，均能成此病。

水腫分陰水和陽水。陽水皮膚浮腫先見於腰以上，發熱煩渴，面目光亮，語言有力，便秘，溺短赤，治則應利濕解表。陰水时水腫先出現於腰以下，身冷不渴，大便溏，小便短少，聲音低微，面色蒼白。

鄧女士水腫多年，久腫屬脾腎居多，而且月經不調，又涉及沖任經脈問題，所以此病應是陰水，應健脾利濕補命門之火，並要填補沖任之氣。

記得三年前，有位德國女郎來筆者處診治，她面部和全身浮腫，腰痠足軟，冷感，症狀與鄧女士相似。當時我便爲她針灸，並服中成藥「金匱腎氣丸」，十天後腫全消，判若二人，面貌姣好，身材曲線玲瓏，精神煥發。

筆者在針灸外籍人士的臨床經驗中，總覺得外國人比華人的針感強，針效也特別顯著。

當時施針的穴位為：腎兪、命門（灸）、氣海、

關元、中脘、水分(灸)、足三里、陰陵泉、三陰交、曲池。腎俞、氣海補腎益氣而通小便，補命門，助腎陽而化水，關元培腎固本調氣回陽。足三里、中脘有調胃腸理氣，化濕降逆的作用，陰陵泉有健脾化濕之功，灸水分能濕中逐寒，三陰交健脾化濕，疏肝益氣，曲池清熱利濕，調和營血。而且中脘、水分、氣海、關元都是任脈穴位，能補冲任之氣。

鄧女士不妨採用針灸和中藥相結合的療法祝你早日恢復健康！

原載於《大公報》1999年7月21日

脚氣病與水腫應辨證論治

讀者石女士來信道，讀了筆者《答鄧女士關於水腫問》後，有個疑問想「請教」。說一九六0年，她在內地曾足背腳踝都浮腫；連小腿部分也微脹不適，手指按之即凹，久久才會回復原狀，醫生說是腳氣病。當時正是國家經濟困難時期，她吃幾幾次糠餅後，腳腫就消了。問及腳氣病是否水腫病？

水腫病因很複雜，一般與脾肺腎的病變有關，是一個病證，即水液豬留於體內，且向肌膚氾濫。腳氣有水腫的病證，但它有其特殊病因和症狀，主要濕邪下注足部而腫脹，醫學上把它另立門戶，叫「腳氣病」。現代醫學認爲腳氣病是維生素B1缺乏症。維生素B1在動植物界中廣泛存在，它對碳水化合物的使用有密切關係。當年石女士營養缺乏致生此病。而糠中含有豐富的維生素B1，所以石女士的腳氣病因吃糠餅而癒。中醫認爲腳氣病是由久站濕地而侵入了濕熱，或復感風寒而成；或因常食乳肉、飲酒過度，日久積濕生熱，濕邪流注於足部所致；或偏食精米、白麵導致脾虛生濕。腳氣病可分爲三類：一爲濕腳氣，患者筋脈弛張，足脛浮腫；二爲乾腳氣，患者筋脈攣縮，足脛枯細；三爲腳氣沖心，其症狀神昏譫語、喘息嘔吐，屬危症。若腫過膝至股部則和生命垂危，故不可忽視腳氣病。患此病者易於興奮，運動激烈，即有腳氣沖心的危險，千萬不可作激烈運動。

針灸治腳氣病療效良好，濕腳氣可針懸鐘、中封、風市，有表症加風池、大椎。乾腳氣可針血海、足三里、三陰交。若是沖心者，可加內關、巨闕、陽陵泉。可多吃B1、豆類、花生。可配合服用大蒜頭去皮、花生仁、赤小豆各四兩煮服（不可加鹽），療效顯著。

原載於《大公報》1999年7月26日

針灸可治破傷風

讀者梁女士來信，說以前她有位鄰居，不慎踩到生銹鐵釘，因麻痺大意沒有去注射破傷風血清，結果破傷風症發，只見口噤不開，反目上視，面部呈「苦笑」表情，兩手足抽搐，項背肌強直，腰爲反折，角弓反張，其狀恐怖。抬進醫院，醫生指責何不早來注射破傷風預防針，現已無藥可治了。請問，爲什麼有人被鐵釘戳傷不會得破傷風症，而有的人受創傷卻會得此症？中醫能否治癒已發作的破傷風症？

答：除了患者已頭目青黑，額汗如珠不流，眼小目瞪，汗出如油者外，用針灸中藥可令其病除。

破傷風是一種較嚴重的傳染病，是由破傷風桿菌從傷口侵入人體引起的急性外科感染，細菌常在砍傷、燒傷、凍傷、戳傷等情況侵入機體，尤其在創口深而形成厭氧環境時，更容易迅速繁殖而發病。這種細菌產生的毒素主要刺激神經中樞，導致全身或局部肌肉痙攣的症狀。中醫認爲，由於皮膚損傷致風邪乘機侵襲經絡，陽邪熾盛引起內風，致經筋功能失常而形成，甚則臟氣逆亂而成危候。其症狀除梁女士所述之外，此病對外界環境的聲、光、震動等刺激會引起痙攣，所以患者要處暗室。有的幾分鐘，有的幾小時發作一次，體溫可高達四十至四十三度，但神志一般較清醒。如果發現神昏、脈沉、大汗、躁動就危殆了。

爲什麼同是損傷，有人會破傷風有人卻不會？主要看有否破傷風桿菌侵入傷口或此人身體健康抵抗力強，「正氣存內，邪不可干」。施治原則：平肝熄風、清熱鎮痙。有一秘方可治此症，即天南星（薑汁炒）、防風、白芷、大蠶砂（炒斷絲）共研成細末，每服九克，童尿和好酒調服。針灸可濟病急，瀉邪止抽，主要穴位：風池、人中、太沖、內關、合谷、后溪、下關、頰車、承漿、腰俞、肝俞、身柱、委中等，可對症取穴。

原載於《大公報》1999年7月30日

喉鯁硬物有偏方可醫

讀者劉先生來電詢問：日常生活中常有骨鯁喉嚨或硬物鯁喉之事發生，你可有良方應急？

筆者在內地時，常爲人針灸，有次下鄉見一農民不慎讓豬骨鯁入咽喉，手扣不出，服吞符水也不下，口唇發紫，眼淚迸流，十分痛苦，求諸於我。我即讓他正坐椅上，用銀針刺他督脈啞門穴約八分，行捻轉術，患者漸漸臉露喜色，說好像骨頭已下喉嚨。爲防咽喉痛，再針合谷和面針穴位的「咽喉」點，即眉心

至前髮際正中連線的中、下三分之一交界處。合谷爲四總穴之一，乃治咽喉疾病的要穴。針罷，並囑他進食稀粥。後隨訪，已安然無事。

儲菊人《百病丹方大全》中載有諸骨鯁喉方：

一、檸麻根搗爛爲丸，如桂圓大，魚骨鯁喉者用魚湯下，雞骨鯁喉用雞湯下；或用檸麻根搗汁飲下；或用砂仁、草果、威靈仙各六克，白糖三十克，水煮三、四碗服，無論何骨俱化。

二、治魚骨鯁喉，以橄欖核磨濃汁，滾水調服；或用烏梅擦貓嘴，貓涎即出，取涎灌喉。

三、治雞骨鯁喉，食山楂膏有效，或用山楂煎濃汁服，或用威靈仙、砂糖、酒煎服。

據張懿醫師自述，曾有一男童誤吞硬幣，卡留食道，須動手術。男童母親求於他，他思：既不能下之，又不能化之，只好用催吐法去之。便開處方：甜瓜蒂十克，赤小豆二十克，豆豉六克，用水一碗，煎至半碗，服後男童大吐，硬幣隨吐物而出。

醫書有記載，清朝相國蔡葛山在核對《四庫全書》時，幼孫誤吞鐵釘，醫者束手無策，危險之極。他忽然記起核書時有蘇（東坡）沈（存中）良方，即剝新炭皮搗碎爲末，調粥三碗。他便依法炮製，幼孫服用後，果如書中所載，炭屑與鐵釘隨吐而出。

原載於《大公報》1999年8月4日

中醫治病忌口種種

讀者鍾女士來信問：中醫對病者服藥忌口多多，連冷服、熱服都有規定，請你談談好嗎？

中藥的冷服、熱服應根據藥物的性能和疾病的性質決定。一般來說，解熱藥，宜溫服，祛寒藥，宜熱服；解毒藥、止吐藥、清熱藥則應冷服。忌口，就是服藥禁忌，一般分爲食物與藥物禁忌和食物與疾病禁忌兩部分：

一、食物與藥物禁忌：在服藥期間，吃某些食物可減弱或抵銷藥物的功能或產生副作用，必須忌口。如人參、地黃、何首烏忌蘿蔔，商陸忌狗肉，薄荷忌鱉肉，鱉甲忌莧菜，常山、蜂蜜忌生葱，茯苓忌醋，含鐵質和生物鹼的藥物忌茶；在服安神、清咽、明目、降壓、平肝、利濕、止血、潤肺藥時，應忌食酒、薑、葱、蒜、辣椒、羊肉、可可、咖啡等辛溫之品；服祛風濕、止寒痛、溫經、補陽、澀精、止瀉藥時應忌食冰棒、雪糕、生梨、柿等寒性食物。

二、食物和疾病禁忌：前人根據五行相尅的原理提出五禁：肝病禁辛、心病禁鹹、脾病禁酸、肺病禁苦、腎病禁甘。如患哮喘、氣管炎、過敏性皮炎、肝炎、瘡癬等病，服藥時不宜食魚、蟹、蝦、牛肉、羊肉、韭菜、大蒜等；生疔若吃紅糖則有生命危險，吐瀉忌食薑，麻疹不宜食油膩及酸澀之物，冠心病忌食或少食肥肉、糖和酒，氣管炎病人忌食或少食生冷食

物和飲酒，水腫忌食鹽。

在服藥期間，一般應忌食生冷、油膩之品，因這些食物不易消化，有礙藥力運行，且肥膩之食容易鬱結化痰，對胃病和旨在解表發汗、清熱、涼血、解毒、消腫、止咳化痰、行氣消食之影響尤大。熱證不宜食辛辣油膩等食物，寒證不宜食生冷瓜果等食物。

原載於《大公報》1999年8月6日

孕婦便秘之中醫療法

陳醫師：

本人是您的忠實讀者，您在《保健》版毫無保留地把自己經驗和收集的秘方公諸於世，我很感動。本人今年三十二歲，亦算是高齡孕婦，經常便秘，但因擔心影響胎兒健康，不敢服藥，不服藥，大便難以通，十分痛苦。請問：有否切實可行的秘方，望不吝賜教。

萬芝香上

萬女士：

來信收閱，的確，妊振中服藥要格外謹慎，非到不得已的時候，最好不要隨便服藥，若到非服藥不可時，也要選擇藥性溫和的藥品。

下面介紹一劑藥性溫和，既能滑潤腸壁，幫助排便，又有利健康的方劑和兩種食品，希望能解除你妊娠中便秘之苦。

一、甜杏仁十五克，核桃仁三十克，黑芝麻三十克，用磨粉機磨碎，加適量水，一起倒入鍋裡煮，煮熟後用砂糖調味，即可食用。甜杏仁潤肺化痰，醒脾健胃，能滋腸通便；核桃仁功能溫補肺腎，潤腸通便；黑芝麻爲緩和黏滑劑，功能補氣養血，補肺腎，潤五臟。

二、二兩蜂蜜沖溫開水，每日晨起空腹服下。《本草綱目》記載，蜂蜜「和營衛，潤臟腑，通三焦，潤脾胃。」沖溫開水服，有補中益氣，潤燥息風，安五臟，定神志的作用。凡心腹冷痛，飲食不下，頭暈目暗，肺燥咳嗽，腸燥便秘，心悸失眠，健忘者，皆宜常服。食蜂蜜，既補體，又能潤腸，幫助排便，而且有助於胎兒營養的吸收，眞是一舉兩得。

三、香蕉四根，空腹時食用。香蕉生食，能消脾肺之客熱，生津液止煩渴：潤肺滑腸。

原載於《大公報》1999年8月11日

「網球肘」痛症的醫治

讀者謝先生詢問：本人是冷氣工人，近來肘關節外側疼痛，用力握拳和絞毛巾時更痛，四肢乏力，持物困難，夜裡肘痛尤甚。請問，這是什麼病？應如何治療？

此病俗稱「網球肘」，又名肱骨外上髁炎或肱橈滑囊炎，是一種常見多發病。由於某些工作需手臂反覆屈伸或前臂旋前轉後活動，且用力不當，引起橈側腕伸肌之起點損傷，致使肘關節之橈背部疼痛。中醫學統稱爲「肘痛」屬「肘痺」範圍，認為是勞傷氣血，筋脈不和所致。但「肘痛」病是無菌性炎症。
針灸對於「肘痛」甚見其效。一般一、二個療程即愈。施治原則：舒筋通絡。常用穴：肩髃、肘尖壓痛點、手三里、尺澤、曲池、外關（針刺並加灸）。在治療期間，應適當讓患肢休息。

朱先生，也是冷氣維修師傅，他患有「網球肘」半年多了，雖經醫治，始終無效，很灰心。但爲了謀生還要勉爲其難堅持工作，其痛苦可想而知。初來我處治療時，鬱鬱寡歡，沉默少語。筆者爲其針灸，並給「二朮湯」濃縮中藥劑讓他服。二朮湯的組成藥物爲白朮、甘草、生薑、茯苓、陳皮、南星、香附、黃芩、威靈仙、羌活、半夏、蒼术。經四次針灸服藥後，肘關節疼痛減輕了許多，臂肌也沒扯得那麼緊，他有了信心，漸露笑容，十天後，肘不痛了，持物也有力了，不到二療程即痊癒。

「網球肘」我醫了不少，有的病人在治其他病時，告訴筆者肘尖有一、二處很痛，我順便針之，往往五至七次即癒。病若及時治療，就會收到事半功倍的效果。想來謝先生患此疾已久，對治療不夠重視，所以病情已趨嚴重。請謹記「病從淺中醫」。

原載於《大公報》1999年8月16日

氣逆「打嗝」不難醫治

陳醫師：

本人到醫院體檢不過月餘，健康狀況正常，但近來一直打嗝，以前看過的醫書，言中樞性和周圍神經性病變會呃逆；肺癌、肝癌、胃癌、前列腺癌等也會打嗝。我很擔憂，但又諱疾忌醫，只好寫信請教您，爲何會打嗝，應如何控制呃逆。

袁沛霖

袁先生：

的確，如你所說中樞性和周圍神經性病變會打嗝，患癌症會打呃，但你不用擔心，你剛檢查過身

體，並沒有中樞性和周圍神經性病，何來「病變」而呃逆？如果有癌症，體檢時也會檢查出來。記得二十多年前，我有位朋友也打嗝多日，雖經醫治服藥，終未止。見到我，哭喪着臉長吁短嘆，也如你一樣擔憂生癌。我安慰一番，便爲他針灸，針了中脘和內關，行強刺激，呃逆停止了，不再發作。針刺確是解除呃逆簡便有效的方法。

《內經》云：

「胃爲氣逆爲噦」。「噦」即「呃逆」症。呃逆是以氣逆上沖，喉間呃呃連聲，聲短而頻，不能自制為主要表徵，俗稱「打嗝」或「打呃」。主要原因為胃氣上逆，且有寒熱虛實之分，現代醫學認爲是各種原因所致的膈肌痙攣症，是由於迷走神經和膈神經受到刺激，反射性地使膈肌產生間歇性收縮運動，導致空氣突然被吸入氣道內，因同時伴有聲帶閉合，所以發出一種呃聲。

偶發性呃逆大多不需治療而自行停止，持續不斷者方需治療。除針灸外，中藥丁香柿蒂湯也能奏效。方爲：公丁香一錢，柿蒂四錢，黨參、生薑各三錢，水煎二次，分服。可治虛寒，不虛者去黨參。

有個止呃的簡單辦法，即將紙袋套於患者鼻部，讓其重複呼吸紙袋中的氣體，利用病人自己呼出的二氧化碳刺激呼吸中樞，也可控制呃逆，不妨一試。

原載於《大公報》1999年8月20日

中醫治療瘰癧症

讀者胡先生來信問：據說瘰癧相當於西醫的淋巴結核，結於頸、項、腋、胯，初起結塊如豆大，按之堅硬，可皮下移動，但不久便會消失。而我朋友項下生瘰癧，何以不消失，卻潰破流膿，該如何治之？

胡先生所言的是淋巴結腫大，是急性感染引起的，非慢性感染引起的淋巴核。而胡先生的朋友患的才是淋巴結核，即瘰癧。

淋巴位於淋巴管沿路，體表淋巴結主要分佈於枕部、頜下、頸部、鎖骨上、腋下、肘部、腹股溝和膕窩等處。當機體發生某些疾病時，可引起淋巴結腫大，尤以感染爲甚。如頭皮的炎症常可引起枕部淋巴結腫大，齲齒、牙周炎、扁桃體炎常可引起頜下淋巴結腫大。隨着急性感染的治癒，腫大的淋巴結可消失或縮小。瘰癧是慢性感染的淋巴結結核，多見於頸部，俗稱「癧子頸」，小的爲瘰，大者爲癧。多因肺腎陰虛，肝氣鬱久，虛火內灼，煉液爲痰，痰火凝結而成，或感於風火邪毒。證見初起結塊如豆大，按之堅硬，略有微痛，日久局部發熱，破潰流膿，夾雜豆腐渣樣物，傷口經久不癒。

針灸可治療瘰癧，治則平肝結鬱，化痰散結。選穴：天井、少海、百勞、肩井、翳風、肺俞、脾俞、肝俞、膈俞。或用火針刺入局部痰核。

中藥醫治瘰癧也有驗方：瘰癧初期可服柴胡、炒當歸、白芍、白术、茯苓各十二克，炙甘草、半夏、桔紅各九克，生薑三片、烏梅一個水煎服。瘰癧中期內膿已成，用上方加黃芪十二克、川芎九克、當歸六克、穿山甲三克、皂角刺四克半，水煎服。瘰癧後期已破潰，應服熟地黃十五克，山茱萸、淮山各九克，澤瀉、牡丹皮、茯苓各六克，沙參，麥冬各十二克、貝母九克，水煎服。

原載於《大公報》1999年8月25日

肺癆病的預防和治療

讀者王先生來信，談及日前看到報紙報道，世界衛生組織（WHO）發表報告指出，全球有十八億六千萬人感染肺結核病的病菌，以東南亞地區情況最爲嚴重，肺結核病者在世界總病例中佔逾半，中國是全球肺結核病發病率第二高的國家，眞是觸目驚心，他不勝擔憂。請問，肺結核病有什麼證象，應如何預防和治療？

肺結核病又名肺癆，是肺結核菌所所引起的一種慢性傳染病，致病主要原因爲結核桿菌通過呼吸道侵襲肺臟。人們感染之後或長或短的時間內發生肺結核病。結核病變雖然只在一個或幾個器官內有明顯的表現，但實際上它是一種全身性的疾病，臨床表現有全身症狀與呼吸症狀。全身肢體倦怠乏力，長期低熱（粟粒型結核可有不規則的高熱），顴面紅赤，盜汗，食慾不振，體重逐漸減輕，婦女月經不調等；呼吸道症狀有咳嗽、咯血、咯痰或痰中帶血、胸痛等。

西醫對肺結核病的防治有其長處，預防上可接受卡介苗接種，照X光可及早發現治療。中醫對治療肺結核病也積累了豐富的經驗。我國二千多年前黃帝《內經》中所述的「虛勞之症」和東漢張仲景所指的「肺痿」就是肺結核病。針灸亦可治肺癆，主要以培補肺氣，健運日陽爲治則。

常用穴：肺俞、大椎、孔最、足三里、結核穴。如陰虛見咯血加膈俞、中府。咳嗽加太淵。盜汗加陰郄。心煩失眠加神門。食慾不振加公孫、中脘。便溏加天樞。遺精或月經不調加太溪、三陰交。陽虛證怕冷短氣加腎俞、關元。治肺癆有許多秘方，如年少肺癆咳嗽者，豬肺一個，勿落水洗，生雞蛋灌於豬肺中煮食。肺癆可服北沙參、杏仁各九克，白扁豆三十克，黃芪、石斛各十二克，炙甘草、淮山藥各十五克，淮牛膝酒炒四克半煎服。

原載於《大公報》1999年8月30日

起風疙瘩怎么辦？

讀者羅女士致電，說她經常身上起風疙瘩，搔癢不已，夜間尤甚，「請教」怎麼辦？風疙瘩乃俗稱，醫名風疹。風疹症狀是皮膚起疹或塊狀，時隱時現，遇風易發，其形狀小的如麻疹，大的如蠶豆，更有成塊成片的，常發於面部、耳根、頸項、兩脇、兩臂、兩足十指，背部、腹部尤其多。由於皮膚隆起成疙瘩，因此又俗稱風疙瘩。

此病反覆發作，皮膚奇癢，搔癢後變得高突，愈搔愈癢，愈多愈大，夜間增劇。有時只限局部，有時全身突發，也有的是由局部漸延及全身。每年端午節前後或夏秋之交，乍暖還寒之際，陰風猶勁時極易感染。此外，也有患者因吃魚蝦蟹等海鮮而誘發的，所以在治療期間，應忌此類食物。

中醫認爲，風疹乃風濕之邪與營分之熱相搏於皮膚肌肉之間而成。

針灸可治風疹，穴位：曲池、合谷透陽溪、血海、三陰交透懸鐘、委中（出血）。

中藥治風疹有獨特的療效。陳先生最易發風疹，按摩起風疹，打針起風疹，吃西藥或吃東西不慎也會起風疹，十分苦惱。後來他服一妙方，三劑未服完，風疹就消失了，半年來，在任何情況下都未發風疹。其方爲：黃柏、知母各五克，肉桂一分，辛夷、荊芥、蒼耳子各九克，莪术十二克，王不留行十克，雲苓三十克。

民間有許多秘方可治風疹。如一、採新鮮楓樹葉一大握，清水煎濃，趁熱洗患部，每天一次，連洗三天即愈；二、香菇五錢，瘦豬肉三兩，不可放鹽，連服三次，不再復發，屢驗屢效。三、對於因魚蝦蟹類過敏而發風疹，遍身搔癢者，以醋半碗，紅糖二兩，生薑切細一兩，同煮二沸，去渣，每次服一小杯加溫水和服，一日二至三次，即有功效。

原載於《大公報》1999年9月3日

談中醫針灸戒煙法

讀者賈先生來信，自述抽煙三十餘載，煙癮很大。憶當初，煙是交際使者，百事可在香煙互遞中通融。一煙在手，何等神氣，吞雲吐霧，樂在其中。曾幾何時，戒煙聲四起，抽煙者黯然失色。電車、巴士、火車不准抽煙，地鐵站、電影院不准抽煙，現在連在船上、餐廳、酒樓都只能避在一隅抽悶煙。更甚者在香煙廣告下面都得捎上一句：「特區政府忠告市民，吸煙引致呼吸系統疾病」，眞是可惱了！他曾戒

過煙，全家人皆大歡喜，買了許多花生、開心果、口香糖等代用品，但他東西一吃完，煙又抽上了。請教筆者可否用中醫方法戒煙？

答：賈先生決心戒煙，這已邁出了可喜的第一步，也是持之以恆的動力，配合針灸和中藥，是可以戒掉的。記得一九八七年筆者在北京參加第一屆世界針灸聯合會第一次學術大會時，認識了美國加州張醫師，她曾以針灸戒掉一千多位煙民的煙癮，榮獲州政府獎。在互相交流臨床經驗時，她告訴我戒煙的穴位。即耳針：口、肺、神門、枕、內分泌；體針：築賓、神門、列缺、足三里、合谷。耳針和體針合用，尤有療效。中藥方面，有個戒煙方也可一試，其組成的中藥：黨參四錢，桔紅、伏苓、罌粟花、炮薑、玉竹、杜仲、黃芪、枸杞子各二錢，旋覆花、益智仁、甘草各一錢半，棗仁一錢，法半夏二錢半。量煙癮之大小，酌量加煙灰，共為細末，煉蜜和丸服。每日服三錢，服此丸後，煙民聞到煙味就難受，自動把煙戒掉。

原載於《大公報》1999年9月8日

眼瞼下垂的治療

讀者歐先生致電詢問，談他侄兒有日清早醒來，突然發覺上眼瞼下垂提不起，起先以爲夜裡睡眠不佳，眼瞼腫脹，便熱敷之，但並無改善，且越來越嚴重，以致上瞼遮蓋了部分瞳孔而影響視力，經「新斯的明試驗」診斷爲「重症肌無力」，請問爲何會得此疾，中醫能否治癒？

中醫的針灸和中藥可以治癒。中醫沒有重症肌無力這一病名，中醫眼科書有「瞼廢」之證及《北史》有「瞼垂覆目不得視」的記載。二千多年前《黃帝內經》中的「撣」病，其證與重症肌無力類似，主要是脾胃虛衰所致，並提出「因其所在，補分肉間」。中醫脈象學說，脾主肌肉，眼瞼屬脾，眼瞼肌肉無力乃脾虛；脾主升淸，胃主降濁，脾氣不足，清氣不升，故提瞼無力而下垂。肝開竅於目，根據肝腎同源，肝虛補腎虛的原則，即旣補脾又補腎，大補脾氣，兼補腎虛。腎爲先天之本，脾爲後天之本，先後天同補，以圖根治。施治辨法宜補中益氣湯爲主，重用黃芪，酌加杞子、山萸肉、熟地、巴戟天、菟絲子等補肝腎中藥。可按不同病人的症狀相異，辨證論治。眼部重症肌無力是虛證，屬慢性病，據許多名醫臨床經驗多要服藥半年之久，病者須有耐性。

針灸對上瞼下垂的治療較有成效，治則爲健脾補

腎、疏肝解鬱、行氣活血、溫通經絡。其手法須以補爲主，應注意整體治療，不僅僅局限於眼瞼附近的部位。

主要穴位爲：睛明、攢竹、瞳子窌、陽白透魚腰、風池、合谷、脾兪、腎兪、肝兪、光明、陽陵泉透陰陵泉、足三里。每次可選穴配搭。針灸配服中藥可縮短療程。

原載於《大公報》1999年9月13日

眼瞼患「麥粒腫」之治療

讀者楊先生來函，自述經常在上下眼瞼生針眼，旣難受又礙美觀，請問，除針眼成熟後施以手術外，中醫方面可有什麼辦法施治？

楊先生所述的「針眼」，又稱「土疳」，即醫學上的「麥粒腫」，是指瞼板脈或睫毛毛囊周圍的皮脂腺受葡萄球菌感染所引起的急性化膿性炎證。起先微癢微腫，繼則焮赤作痛，充血水腫，形成硬結。中醫認爲多因風熱相搏，客於胞瞼；或因脾胃蘊積熱毒，上攻於目所致。採取實則瀉之的治療原則，以瀉火解毒、活血散瘀之法治之。

針灸對治療麥粒腫尤有療效，可促使未成膿者自行消退，已成膜者促進排膿。

一、用三棱針在雙側足中趾尖部，行點刺放血至五滴。點刺前後須行常規消毒，防止感染。

二、取患眼對側的曲池穴，曲肘體位，消毒後，以三棱針點刺，並輕輕擠壓，出血小滴即可。每日一次，一般針刺二次即愈。

三、在肩胛間區先尋找反應點（多分布於肩胛間區）。令病人反坐在靠背椅上，暴露背部，仔細尋找，多爲皮下隆起如粟粒狀之丘疹，或呈卵圓形，散有數個，但不高出皮膚。如在肩胛區未能尋得，可擴大至背部一至十二胸椎至腋後範圍內尋找，如找到反應點，則以三棱針點刺（進針深二至三毫米，速刺速退，出血爲度，也可輕輕按壓，擠出血來。如找不到反應點，則取膏肓穴。注意術前術後消毒，預防感染。也可在選定反應點後，取燈芯草一段，適量蘸以香油或其他植物油，點燃後對準反應點迅速灸灼一下，此時可聽到「啪」的一聲響，表明施灸成功。灸後可有小塊灼傷，宜保持清潔，灸處一般五天左右結痂脫落，不留斑痕。

四、麥粒腫初起，可買青皮十五克，水煎服，每日一劑，分三次服，一般二劑即愈。

原載於《大公報》1999年9月17日

針灸治痔瘡問題

讀者葛女士來信詢問，言自己患痔疾多年，大便經常帶血，伴有疼痛和癢感，症狀時輕時重。因怕割痔手術，所以任之，延醫不想治。請問，爲何會生痔瘡，針灸能否治癒它？

痔疾是臨床上常見病之一，有言：「南方十人九痔」。痔瘡的主要病因是直腸肛管周圍感染，感染可使齒線上下的痔靜脈分支發生靜脈周圍炎或靜脈炎，使靜脈進一步變薄，從而擴張成爲痔。在齒線以上的稱內痔，在齒線以下的稱外痔，跨齒線上下的稱混合痔。中醫認爲臟腑本虛，虛血虧損是痔發病的基礎，而情志內傷、勞倦過度，平素濕熱內積、過食辛辣厚味、長期便秘、久瀉久痢、久坐久立、婦女妊娠等為誘因，使臟腑陰陽失調，氣血運行不暢，經絡受阻，以致體內生風化燥，濕熱留滯，濁氣瘀血下注肛門而成。

針灸可治痔，早在唐《備急千金要方》中就有關於針灸治痔的穴位處方。《針灸資生經》曰：「痔若未深，尾閭骨下近谷道灸一穴，大稱其驗。」針灸治痔的原則是疏導經氣，其處方衆多，筆者常用穴：白環俞、長強、承山。此處方治內外痔、混合痔效果良好。操作方法：白環俞斜向下方刺入，使感應擴散至肛門；長強直刺進針後，並可向左前、右前透刺，使感應擴散至肛門四周，此穴灸效果尤佳；承山向上呈四十五度角斜刺五分到八分，得氣後，用捻轉手法行針三至五分鐘。因爲白環兪、長強位於肛門近旁，乃鄰近選穴，承山穴屬太陽經，其經別自腨至膕，別入於肛，是古人治療肛門疾患的經驗效穴。

若痔瘡出血，在腰骶區上痔疾疹點進行挑針療法，痔血即止，甚为靈驗。

原載於《大公報》1999年9月22日

關於紅絲疔的治療

讀者賀女士來電詢問，自述臂上生了個如粟粒大小的瘡，雖很痛，但並不在意，忽然發覺瘡上抽出一條紅絲，開始緊張了。問這是否危險的「紅絲疔」？怎麼辦？針灸能治嗎，或有更妙的秘方？

賀女士長的正是紅絲疔（疔瘡的一種）。西醫叫做急性淋巴管炎，它可生在身體任何部位，但以四肢爲多見。由鏈球菌或葡萄球菌侵入表皮傷口所致，若不及時治療，可引起敗血症。紅絲疔乃中醫稱謂。此病在《外科正宗》、《外科證治全生集》、《醫宗金鑒》及《養生鏡》等都有記載。紅絲疔初生如粟，漸

顯紅絲，流走迅速，由脈門向心臟流竄，至心臟即毒攻五內，那時則回天乏術了。

用三棱針挑刺可治療本病。具體操作方法是從病灶處沿紅絲上行，尋找紅絲盡頭，紅絲盡頭找到後將整條紅絲常規消毒。醫者左手拇食二指捏起紅絲盡頭並提起，右手持消毒三棱針挑刺使其微微出血，每隔一寸左右挑一針，挑至原發病灶附近爲止，均刺出血，挑刺完後再用紫藥水塗搽針孔即可，但不可在病灶處挑刺，因患者易暈倒。

紅絲疔要跟「血濺疔」區別，「血濺疔」亦起紅絲，但較粗，不可刺破、搔破，不然其血高濺丈餘，情急莫救，須臾即亡。但不管是紅絲疔或血濺疔，都可用民間最簡易的方法治好，即用紙捻蘸油，先行點燃，然後以靈巧的手法將火頭迅速燒紅絲的兩端，奇妙的是紅絲馬上退去，不必再服其他藥。注意，患疔者千萬別吃紅糖。

中草藥也可治紅絲疔。草藥苦賣菜之乳汁塗於紅絲上，紅絲很快會消失。有一驗方，用紫花地丁一兩，白礬、甘草各三錢，金銀花三兩，清水煎服。

原載於《大公報》1999年9月27日

中醫治療盲腸炎

讀者許女士來電問：她患有盲腸炎，人們勸她一割了之，以除後患。但她不久前讀到一則醫學報道，言盲腸非多餘之物，有其獨特功能，她捨不得割掉，更怕開刀，問爲何會患盲腸炎？針灸、中藥能治癒它嗎？

盲腸炎，醫學上稱急性闌尾炎，是闌尾管腔內阻塞和多種細菌混合感染引起的一種急性腹部疾病。闌尾腔梗塞是本病的主要發病原因。輕者只是闌尾本身輕度發炎，稱爲急性單純性闌尾炎；重則可化膿壞死，甚至闌尾穿孔引起急性腹膜炎，稱爲化膿或壞疽性闌尾炎。中醫把本病統屬於「腸癰」。其病因認爲多由飲食不節，或飯後急暴奔躍，或寒溫失調，致影響腸胃運化，引起濕熱積滯，腸府壅熱，氣血瘀阻而成。

盲腸炎可以針灸，早在二千多年前《內經》的《靈樞》中就有記載。此後歷代醫家均有論述，並且積累了用針灸治療腸癰的豐富經驗。

常用穴：闌尾穴、上巨虛、足三里。

備用穴：合谷、內關、曲池、天樞。

方法：雙側，強刺激，持續捻針五分鐘，每天可針二、三次至症狀消失；慢性者每天一次，如發熱較高加合谷、曲池，腹痛加天樞；噁心、嘔吐加內關，

或於厲兌穴放血一至三滴。也可以配合手針『前頭點」，強刺激，疼痛緩解後留針二、三分鐘。

若配合以下處方，療效更佳。處方：青皮、陳皮、枳殼、連翹各九克，雙花十五克，乳香六克，蒲公英三十七克，甘草六克，上藥用水煎兩遍，將兩次藥液混合後分二次服，十二小時一次。

若症狀嚴重，白細胞總數在二萬左右，中性多形核細胞達百分之九十以上，應考慮有闌尾化膿壞死而穿孔的可能，不能單靠針灸治療，應轉外科手術處理。

原載於《大公報》1999年9月29日

針灸治「落枕」

讀者朱女士來電，自述夜裡悶熱，風扇對着背脊吹，清晨起床時，只覺頸部酸痛，不能回轉，疼痛放射至右側背部，頭頸向左側傾斜，十分痛楚難受，請問如何施治？

朱女士患的是「落枕」，主要是夜間風扇直吹，致外感風寒之邪，項背經絡不疏，或因睡眠時體位不正，使經絡氣血運行受阻所致。

落枕一症，中醫學早有類似記載，二千多年前《內經》的《靈樞・經筋篇》載：「足少陽之筋……頸維筋急」，又《靈樞・雜病篇》載：「項痛不可俛仰，刺足太陽，不可顧，刺手太陽也。」對本病的病因、症狀及治療等已有所論述。落枕是臨床上常見病之一，也是筆者醫得較多的一症，針灸治落枕，療效顯著且迅速。最常用的針灸穴位是落枕穴和懸鐘穴。落枕是奇穴，是古人治療經驗效穴；懸鐘屬足少陽膽經、足三陽絡。手法平補平瀉，強度以患者能耐受爲度，每次二十分鐘左右，留針期間邊運針邊囑患者活動頸部。也可以用皮膚針刺血拔推火罐的辦法：即用皮膚針在大椎、大抒、肩井、百種風、肩外兪、風門、夾脊（頸一至四椎）和壓痛部位用皮膚針叩刺出血，然後用火罐拔，來回反覆推之。

記得有次出外旅遊，同行者患落枕，遊興頓減，筆者未帶銀針，便用指針療法代替之。所謂指針，即是用手指按壓。一、用拇指按壓健側的承山穴三分鐘多，以患者能耐受爲度，同時囑患者活頭部；二、用食指置於極泉穴上，由輕到重按壓，並囑患者活動頭部；三、指掐內關透外關穴，每次二分鐘，由輕至重，並囑患者活動頭部。一天指針三次，同行者頸項回轉基本自如。三處方也可單獨使用。

原載於《大公報》1999年10月4日

小童遺尿病因及治療

讀者劉太來信，言其兒子已九歲，但差不多數夜就尿床一次，兒子只好夜夜墊尿片睡覺，以防遺尿。遺尿影響兒童身心健康。問何以會尿床？中醫可有良法治療之？

遺尿，俗稱尿床，是指睡覺時不經意排尿的病症，多見於兒童。凡年滿三歲以上，膀胱排尿作用已能由大腦皮層控制，尚尿床者，即爲病態。其發病原因有體質性與習慣性兩類。中醫認爲本病發生的原因，與肺、脾、腎、膀胱等關係較爲密切。如腎氣不足，固攝無權，膀胱失於約束，氣化作用異常；或由於脾虛氣陷肺氣不調，水液下輸失其常度，都會引起遺尿。也有幼兒自尿於床，不加糾正，日久成爲習慣而遺尿，治則應培元補腎，益氣斂肺，健脾固脬爲主，需針對病因治其本。

針灸可治之，穴位可取主穴：關元、三陰交；備用穴：氣海、腎俞、百會、中極、陰陵泉、脾俞、足三里、列缺。關元是足三陰、任脈之會，能補腎元以固脬，三陰交統補三陰之氣，以加強膀胱之約束；脾虛者加脾俞、足三里以健脾益氣；腎虛者加腎俞、氣海以補腎、佐百會以升舉陽氣，兼調元神；肺氣不調而致水液下輸失常，配列缺佐陰陵泉以調節水道；加用中極亦是調整氣化之意。

民間積累了許多治遺尿的良方。如：一、豬膀胱一個，把益智三至五錢放入豬膀胱內炖熟，去藥，每日一次，連服三日。二、桑螵蛸三錢、胡桃肉二個，水煎服，分二日服完，八歲以上可一日服完，早晚空腹服。三、每晚吃一把帶籽的紅葡萄乾，亦可在短時間內見效。

原載於《大公報》1999年10月13日

小兒流涎原因和治療

讀者方女士來信，說她兒子出生已八個月，但一直流涎，胸兜每天濕了十幾個，多時要用毛巾圍在頷下。有人說是因爲她抱兒子的姿勢不對，常豎着抱他，但她見許多人都這麼抱嬰兒，爲什麼他們不會流涎，而她的兒子會流涎？請問中醫方面可有良方？

口涎爲腎之液，由中焦脾胃健運統攝。流涎跟抱嬰兒姿勢無關，而是方女士兒子脾胃虛寒，以致口液過多。治則須溫中散寒，化津縮泉。有二位名醫驗方，可治小兒流涎。一、黑白丑各五十粒，瓦上焙乾存性，共爲細末過篩，加入黑色紅糖二十五克，混勻，每次三分之一茶匙，每日三次，開水送下，服後

以大便變軟爲度。二、太子參、茯苓各十克，白朮、生甘草、廣木香、砂仁、藿香、吳萸、生薑各六克，黃連三克，大棗二枚。每日煎服一劑，分二次服下。

小兒流涎可按摩以下穴位，即廉泉合谷、中脘、足三里、膻中、勞宮、脾俞、腎俞。按摩時必須順時針方向（補法）。膻中、中脘、足三里、腎俞、脾俞五穴按摩後最好加溫灸，驅散中焦寒邪，元氣得復，統攝得力。《景岳全書痰飲》云：「痰涎之作，必由元氣之病。」所以取膻中、中脘、足三里，此三穴分別爲宗氣、中焦、元氣化生之所。配以廉泉爲任脈位於下頷之穴，化口涎爲陰津。口涎爲口腔泛出，取治口舌病之陽明原穴合谷。腎俞，調腎氣、化津縮泉。脾俞，調脾氣、助運化。諸穴配合，相輔相成，取得良效。按摩如果配服上面所述其中一方，療效尤佳。成年人若患口液過多症，睡時漏濕枕巾，按摩穴位改爲針灸，會獲顯效。

原載於《大公報》1999年10月18日

針灸可醫夢遊症

讀者徐女士來信，談及其丈夫經常夢遊，半夜三更不由自主起床，無目的走動，有時跑到街上，接着也會回家，回到床上睡覺，翌晨問他，卻毫無記憶。有時夜裡起床，煮粥煎蛋，又上床睡覺，次晨醒來，見桌上早餐，莫名其妙。據他說夢遊之後，翌日精神疲倦，四肢無力。曾醫過，但無效。近日公司工作繁忙，病情日趨嚴重，她非常煩惱，終日憂心忡忡。詢問何以會夢遊，有何良方醫治

夢遊是一病症，是由心、肝二臟血虛，心火內擾，以致神志不安，使中樞神經系統發生病變而引起的精神障礙。心主血而藏神，肝藏血而舍魂，陽入於陰則睡，出於陰則醒。如果心肝血虛，就會肝火旺而心火炎，所以會出現魂夢迷離，睡覺不安而夜遊。治則必須養血安神。

福建名醫黃宗勖醫師對夢遊症的治療有獨到之處，今介紹如下，希望能治癒徐女士丈夫的病，解除他們的痛苦，生活過得愉快。；

針灸神門、三陰交、心俞、肝俞。每日針一次，手法平補平瀉，留針半個鐘，十次爲一療程。取心經原穴神門，能調理心經經氣，以寧心安神。三陰交調理三陰氣機，而協調陰陽。心俞、肝俞爲背部俞穴，可調理氣機，開心竅，以蘇神明。

再服中藥甘麥大棗湯加味，養心寧神而取效。處方爲：茯苓十二克、棗仁十五克、柏子仁十二克、生地十二克、丹皮十二克、澤瀉十二克、麥冬十二克、龍齒二十克、小麥三十克、甘草六克、大棗五枚。一般服藥二十五劑，針灸三療程可醫好夢遊症。

原載於《大公報》1999年10月20日

小兒夜啼怎么辦？

讀者阿梅來信，談她的小兒已逾周歲，近來常常夜啼，有時更夜哭不停。也曾抱他看過兒科醫生，但夜啼依然。

自己因而睡眠不足，腰痠背痛。請問可有什麼妙方能令小兒夜啼停止？

嬰兒夜哭原因很多，有的因營養過多運動不足，有的是因爲怕黑，又處在精神亢奮狀態，尤其是有神經質或腺病質的小兒，更有夜啼不停的情況。多因脾寒心熱肝木動。

如果給小兒服用鎮靜劑，不但有副作用，而且對小兒的胃腸也會造成傷害。今有一中藥單方不妨一用。即將葛根粉七至八克放入熱水裡，使其溶解，再加入蜂蜜，趁熱服用。小兒喝了葛根湯，就會停止哭泣。因為葛根能擴張皮膚血管，並有鎮靜止痙攣的作用。

對於吃母乳的嬰兒，可用燈心草一錢五分燒灰，塗於母親乳房上，孩子吃後，便能安靜下來。

小兒夜啼也可以用推拿療法，即推脾土、肝木和心火。脾土的部位在拇指指腹；肝木的部位在食指指腹；心火的部位在中指指腹。

操作方法，一般旋推為補；直推為清。「肝木」和「心火」宜清不宜補，若用補時，應補後加清，以防肝風內動或引動心火。夜啼症都應採用「清脾土」，「清肝木」，「清心火」。每日治療一次，必要時亦可二次。每穴推拿次數，應根據患兒大小，病情輕重適當增減，一般各三百次至五百次，治療時用藥物或水作潤滑劑，以防擦破皮膚。常用的有薑汁、葱白頭、滑石粉、酒精等。治療時手法宜輕緩、適中，不宜過急、過重，以免損傷患兒皮膚。

原載於《大公報》1999年10月25日

嬰兒「臍風症」應急醫

吳女士來信談及她有一位堂嫂生了一個姪女，但未滿月因患臍風死了。吳女士現已懷孕待產，擔憂未來的嬰兒健康，問為何會患臍風，若不幸嬰兒患此症，該怎麼辦？

嬰兒剪臍帶時，不慎風入臍內，行走任脈中即成臍風症。本症發生必在嬰兒出生七日之內，要跟落臍瘡加以區別。落臍瘡是小兒落臍時，臍汁未乾，或因尿液浸沁，或由於入浴後未將水拭乾，因而成瘡。治瘡用茯苓一錢，貝母、枯礬、三七各三分，雄黃二分，草紙灰五分共研末摻臍內，用棉花紗布裹之。或以兒茶一分、冰片少許、川黃連一分、朱砂一分，共研成細末，和香油抹肚臍。

臍風會死人，確是如此。如果嬰兒患臍風不啼不吃乳，三日內不治；若小兒臍風黃到鼻口而口撮緊者不治。小兒臍風危險之際，即發現不啼不吃乳時，嬰兒齒齦必生一小黃粟，挑破待膿出，即愈。或黃到鼻口而口未撮緊者，急用防風八分，用清水煎湯服下。

臍風患兒到面赤喘而不啼時，臍上會起青筋一條，自臍而上衝心口。應乘其未達心口時，急以艾絨在此筋頭上燒之，此筋即縮下寸許，再從縮下之筋燒之，則其筋自消，而疾也痊癒。另再服用薄荷三錢熬成濃汁二、三口（不可過多）立癒如神。

如果臍風患兒尚會啼哭，即未至危險期，可用夏枯草鮮葉九十至一百二十克，用冷開水洗淨，撕成小塊，以煮沸水消毒的小錘將葉搗爛，把葉放入碗內，碗的周圍用沸水燙着，但不要讓水流入碗內，用筷子慢慢地攪拌，等葉子的熱近人體溫度時，把葉子放在臍上，蓋上瓷酒杯，再蓋上被褥，隔三、四小時將藥取掉，大約再隔半小時，患兒不再哭，腹部硬塊消失。

原載於《大公報》1999年11月1日

醫口腔潰爛有單方

讀者阮先生來電，自述是某公司主管，工作十分繁忙，心理壓力大，睡眠不足。經常口腔壁上破洞，逐漸擴大，成綠豆般大的小坑，有時舌尖兩側生出紅色斑點，近日嘴唇四周和口的左右唇角處有點潰爛，張口就痛，吃東西不敢碰到傷口，否則疼痛不已。曾吃藥打針，成效不大，問有沒有速效民間單方？

「脾，在竅爲口，其華在唇」，「心在竅爲舌」。阮先生乃心火上炎，脾胃有熱，必須清心降火，清泄胃熱。有幾個民間單方很有特效。

一、煮稀飯時，附黏在鍋子旁的半透明米皮，塗在傷口上，即時感到舒服，多塗數次，就可見效。如果稀飯煮得濃稠，也可用上層黏黏的米湯抹在傷口，效果一樣。兒時在鄉間常見鄉親如此醫治口瘡，都痊愈了。二、用新鮮的紅番茄，大的一個，小則兩、三個，切成橘子瓣，沾白糖吃，吃幾次就好了，很靈驗。三、將赤糖沾於傷口上，赤糖爲口水溶化吞下也沒關係，繼續搽之，便可痊癒。四、西瓜皮適量炒焦，研末搽；或一錢西瓜焦粉加一分冰片調蜂蜜搽。五、黃柏三克煎水服。六、黃菊花十克、冬薄荷十克、懷牛膝十克、金銀花十克、生甘草十克、黃連一克，每日一劑（冬天可二日一劑），上藥加水濃煎後，用消毒過的黑布或藍布：蘸藥汁洗口腔患處，一日洗數次，一般一劑見效，三劑基本痊癒，遠期療效鞏固，無任何副作用。

筆者中學時，同學們常有口角潰爛，校醫說是缺乏維生素B2，都是開核黃素片（即維生素B2）給我們服，兩三天就痊癒了。

原載於《大公報》1999年11月3日

針灸可醫「閉經症」

劉女士來信，談及婚前月經正常，婚後不久月經停止，開始以爲懷孕，未曾治療，後經婦科檢查爲閉經。年來屢醫無效，十分煩惱，請問針灸能否醫治「閉經症」。

針灸可以醫治「閉經症」，而且筆者已醫好不少閉經患者，成效顯著。閉經在臨床上分原發性和繼發性兩種。女子已過青春期而未來月經者，稱爲原發性閉經；已有月經，以後病理性停經三個月以上而不來潮者，稱爲繼發性閉經。劉女士閉經是屬於後者。閉經原因較複雜，常與內分泌、神經、精神等因素有關。中醫認爲引起閉經的主要原因是血枯和血滯。血枯者屬虛，多由腎氣虛耗、陰血不足、沖任脈絡空虛所致；血滯者屬實，多因肝鬱氣滯瘀阻脈絡、沖任不調而成。血枯和血滯引起閉經者，在臨床表現上也不同。若因血枯引起閉經者，常伴有形瘦膚燥、唇淡、神倦，時有低熱、盜汗、頭暈、心悸、脈細無力；若因血滯引起者，常伴有腹脹痛、胸滿脇痛，或腹有癥瘕、肌膚甲錯、脈弦或澀。

針灸施治原則：補益腎氣，通調沖任爲主。常用穴：腎俞、陰交、氣海、關元、中極、合谷、三陰交；備用穴：膈俞、血海、氣沖、地機、行間。以常用穴為主，交替運用。血枯者加膈俞、血海；血滯者

可加氣沖、地機、行間。因腎俞益腎，陰交是沖脈任脈之會，氣海、關元、中極通調沖任；配合谷、三陰交可使氣血下行而達通經之目的。血枯者加膈俞、血海以益血；血滯者刺行間以疏肝，地機以行血，氣沖爲足陽明沖脈之會，足陽明主血，刺氣沖能疏散厥氣，和血行瘀。對於精神因素引起的閉經，效果最爲顯著。

原載於《大公報》1999年10月29日

答王先生關於「陽强」之問

讀者王先生來信，言自己喜武術，身體健壯。今年三十六歲，近來有個怪異現象，在無性慾和無性刺激情況下，陰莖異常勃起且持續不倒，有時脹痛難受，時有精液流出，但無射精快感。問是否他練功不當，走火入魔，抑或是一種病？可用針灸和服中藥治癒嗎？

王先生所患的是少見的陽強症，此病多發生於十六歲至五十歲左右性活動盛期。筆者去年曾在本報談過此症的病因和治法。其實王先生的身體已顯示外強而內虛了。此症多發生於性慾強且嗜酒之人，由於性慾不節，交會無制，陰精虧損，則相火易動；腎陰虧虛，陽不能藏，則陰莖挺而不收；心腎不交，精關失職而出現遺精陽強。加以平時好貪杯，嗜食辣燥厚味，積濕成熱，濕熱下擾精室，使腎陰暗耗，相火熾烈充斥肝經。肝主筋、足厥陰肝經，循陰器，又是宗筋所聚之處，水不能養肝，氣滯血瘀，故陽強不倒，能張不能弛。筆者曾用針灸醫過此病，效果顯著。即用三棱針點刺「湧泉」穴出血，再針太溪、內關、神門三個穴位。針刺四次，症狀基本消失，後又針三次，以鞏固療效。用三棱針點刺「湧泉」穴出血，配太溪以壯骨水而抑相火，引火歸元；內關、神門清心火、安神定志。心者君主之官，主神明，主明則下安；心屬火，腎屬水，心火下濟，腎水上承，形成水火相濟，以令心腎相交，故縱挺自收。

今介紹名醫名方，其診斷陽強乃虛火炎上，而肺金之氣不能下行之故也。治用元參、麥冬各三錢，肉桂八分，水煎服。有神效。

原載於《大公報》1999年11月10日

頸椎炎的治療

張先生來信，道自己在寫字樓工作，患頸椎炎，痛楚難堪，知針灸能有效解除其痛苦，無奈自己有暈針毛病，故不敢就醫，請筆者介紹名醫名方。

筆者對頸椎炎的治療頗有心得，用針灸和服葛根湯治好了不少此類的病。對當代名醫呂同杰醫師「除痺逐瘀湯」主治頸椎炎很欣賞。今介紹如下，不妨一試。

葛根二十四克、當歸十五克、川芎十二克、紅花九克、劉寄奴十五克、薑黃十二克、路通三十克、羌活九克、白芷十二克、靈仙十二克、桑枝三十克、膽星九克、白芥子九克。

本方的葛根，甘辛涼，解肌發表，是歷代醫者治頸椎炎的經驗藥。此方共分三組藥物：一、活血化瘀藥。當歸甘補辛散，苦泄溫通，既補血又活血，推陳出新之功；川芎辛溫香竄，能上行巔頂，下達血海，旁通四肢，外至皮毛，為活血行氣之良藥；薑黃辛苦而溫，外散風寒，內行氣血，有活血通經、行氣止痛、去風療痺之效；紅花辛散，通經活血，去瘀止痛；劉寄奴爲破血行瘀之要藥；路通行氣通絡，與劉寄奴相伍，有通行十二經、驅除經絡瘀滯之效。二、祛風濕通絡藥。羌活氣味雄烈，散風之力勝於防風，長於祛風除濕，又能通利關節而止痛；白芷氣味芳香，偏重於止痛開竅；靈仙辛散善走，可去表之風，化裡之濕，通十二經，為痺證之要藥；桑枝苦平，祛風濕通關節。三、燥濕理痰。南星苦溫辛烈，走竄燥濕作用很強；白芥子辛溫氣銳，性善走散，能搜剔胸廓經絡之痰。三組藥合用，自然共奏其功。此方加減（加黃芪三十克除葛根）也可治體弱、手麻症。

原載於《大公報》1999年11月24日

關於「魚鱗病」

陳醫師：我是您的忠實讀者，您在《大公報》所寫的醫藥專欄我都認眞拜讀過，獲益不淺。今有一事相煩，請爲我解憂。我的女友容貌姣好，但美中不足就是自幼小腿皮膚粗糙，狀如魚鱗，因此縱使身材窈窕也不敢著裙。我並不介意，但她很自悲，請問可有什麼奇方妙術脫魚鱗？

朱先生女友的疾患屬魚鱗病，臨床表現爲皮膚角化過度，全身皮膚發生龜裂樣改變。本病有遺傳傾向，幼年發病，持續終身。朱先生的女友還算幸運，僅局限於兩小腿。醫界尚無特效藥，是症夏季減輕，冬季加重。

筆者翻閱許多醫書，有看到張羹梅醫案，張醫師根據辨証論治，認爲此乃風濕熱毒之邪侵犯營血。治宜涼血祛風、清熱解毒。他用下方治癒一位十四歲女孩全身性皮膚魚鱗症。其方爲：生地十二克、丹皮九克、赤芍九克、荊防九克、黃菊花九克、鮮茅根三十克、大青葉三十克、板藍根三十克、烏梅六克、生甘草四克半、紫草九克、苦參片九克。水煎服。

外用龍衣九克煎湯洗擦全身；龍衣有祛風殺蟲之功效。

據記載，此女服了張醫師方藥七劑後，全身皮膚開始變軟，鱗屑逐漸減少，連服二十一劑，鱗屑完全消退，皮膚潤滑了，經過一冬未曾復發。朱先生女友不妨一試，或者有神功。

原載於《大公報》1999年12月15日

再說鶴膝風的治療

讀者杜先生電話詢問，說他膝蓋腫痛已有半年，曾請針灸师治診過，一般選用內外膝眼、足三里、陽陵泉、委中等，針刺了兩個療程，不但療效甚微，且膝內側腫得如嬰兒頭似的，皮膚脹得發光、潮紅，膝骨日見其大，腿脛肌肉瘦削，膝部強直，問筆者可有特效的穴位施治。

杜先生患的是鶴膝風，非一般膝部軟组織損傷，二者是比较容易混淆的。膝部軟組織損傷是「傷筋」，選用內外膝眼、足三里、陽陵泉、委中等能對症生效。而觀鶴膝風病者症狀，其腿脛肌肉瘦削，乃濕浸入肉；膝骨日大，乃寒侵於骨；又風侵關節及筋，令難於屈伸、強直。

祖國醫學認爲，脾主肉，腎主骨，肝膽主筋及關節。因此，鶴膝風與脾、腎、肝、膽虛弱虧损有關。

《針灸集成》載：「中脘、委中、風池治鶴膝風有神效。」其治療原理是中脘屬胃募穴，可補肌肉，膽經風池、膀胱經委中可治筋骨。爲加強療效，通常我以此方爲主穴，加上內外膝眼、陽陵泉、陰陵泉、鶴頂 等爲配穴，很有療效。

記得今年三月筆者曾在本報「保健版」談過鶴膝風問題，再三叮囑鶴膝風症切忌用冰敷，也禁強烈走動。並公佈一方為：獨活、寄生、防風、秦艽、枸

杞、川斷、桂枝、淮牛膝各錢半，當歸二錢、甘草七分、本瓜二錢、牛膝一錢，水煎服。飯前飲服，連續服食，療效良好。

王老先生，高齡八十有餘，患鶴膝風症，而且手指骨頭曲大，無法伸直。他去中藥舖憑上方買藥，共服了九劑，不僅膝蓋消腫，沒那麼僵硬，而且手指屈伸自如了，他特地來致謝。

原載於《大公報》1999年11月17日

濕疹種種及治療

馬太太來信說她的兒子今年六歲，近來下肢紅腫潰爛奇癢，大便乾、小便黃，醫生說是濕疹。但打針吃藥未見其效，中醫能否有效治癒？

中醫在治療濕疹方面積累了豐富的臨床經驗，濕疹不僅兒童會發生，成年人也會發生，是很常見的病例，但對健康卻為害不淺，不可等閒視之。一般說來，濕疹的發生，有急性與慢性之分。發病原因是風濕熱邪侵襲肌膚或血虛有熱所致。急性濕疹以濕熱為主，慢性濕疹多兼血虛。按症狀分為紅斑性濕疹、丘疹性濕疹、水疱性濕疹和膿疱濕疹四種。以好發部位而命名，有粟瘡、椒瘡（眼瞼濕疹）、鼻䘌瘡（鼻部濕疹）、旋耳瘡、月食瘡（外耳濕疹）、燕窩瘡（口圍濕疹）、煙尻逆瘡、肛門圈癬（臀部濕疹）、腎囊風（膀胱濕疹）。

馬太太小兒的濕疹應清熱、利濕、通便。處方：銀花十二克、蒼術六克、黃柏六克、土茯苓九克、生地十二克、茯苓十二克、車前子六克、郁李仁六克、枳實四克、生甘草六克。水煎服，早晚各一次。

當然有的濕疹要祛風滲濕，需辯證論治。民間卻有許多單方，方便又簡單，今介紹幾種外用的，馬太太小兒若內服再配合外用，則事半功倍，更快痊癒。一、將馬鈴薯洗淨切細，搗爛如泥，敷於患處，用紗布包紮，每天換藥幾次，如此過兩天， 患部即有明顯好轉，三天後濕疹漸漸消失；二、皮膚濕疹搔癢時，可用番石榴葉適量，煎濃汁塗洗，每日數次，即可痊癒；三、用蜂蜜塗抹患處，每天三、四次；四、現在秋風起，蛇兒肥，如果皮膚濕疹時發時愈，反覆發作，可以吃毒蛇火鍋，以毒攻毒。

我有位朋友濕疹很嚴重，吃了幾次蛇火鍋，不僅濕疹全消，而且皮膚潤滑。

原載於《大公報》1999年11月29日

男人「綉球風」的治療

林先生來信訴說，道自己的陰囊皮表上起初發紅發癢，後來迅速地發硬起殼，接着龜裂流出黃血水，奇癢，越抓越癢，癢得入心入髓，非常難受，問道這症可是濕症？有沒有什麼秘方可治？

林先生所患的症是屬於濕疹，稱陰囊濕疹，又叫「繡球風」。主要是天熱容易出汗，陰囊受了汗濕，汗有鹽質，於是生了「繡球風」。另外，用不潔淨的毛巾或洗完澡用髒的內衣褲擦抹，都有可能患上「繡球風」。那是屬於濕熱下注，治宜清利濕熱，內服龍膽瀉肝湯。

外用方法很多：

一、蜂蜜在民間療法方面被廣泛運用，有不少人用它來替病者醫治外傷及皮膚炎，且可防傷口化膿。方法是用藥棉醮蜂蜜，均勻地塗在陰囊皮表上，使患部保持濕潤即可。每隔二小時用濕熱水將陰囊上蜂蜜洗淨抹乾，再塗上蜂蜜，如此持續數日，輕的就可痊癒，病情嚴重的半個多月也會病除。

二、另可取生薑擦之，屢試屢效。

三、比較輕微的「繡球風」，可將牙膏塗於患處輕輕揉搓，雖會有火辣辣的感覺，但過一陣子就會有涼爽感覺，一天可塗擦幾次，連續治療一個多星期就會痊癒。此法多人試過，都很有療效。

四、可採番薯鮮嫩葉子一握，洗淨切碎，加適量食鹽，一同搗爛，水煎後乘溫洗滌患部。洗後用滑石粉或松花粉撒佈之，此法也很有效。

五、買一根香蕉，搗爛後敷於患處，即能止痛且有清涼之感，數天後即癒。

原載於《大公報》1999年12月3日

治扁桃腺炎有妙方

俞女士來信說她的兒子今年五歲，近日不慎惹了風寒，以致發燒、咽痛，醫生診斷是扁桃腺發炎，使用解熱劑和抗生物質，熱雖退了，但扁桃腺仍腫大，問針灸和中藥可否徹底治癒。

俞女士小兒患的是急性扁桃體炎，主要是鏈球菌、葡萄球菌侵入扁桃體引起發炎所致，中醫稱「喉痹」、「乳蛾」，因肺胃內蘊熱毒，復感風邪而成。針灸治扁桃腺發炎有良效，即针天容、少商、合谷、曲池。手法：中強刺激，每天一次。刺天容，感應要至咽部，少商點刺出血。高熱者可加合谷、曲池。因孩童太小，針灸會怕。今在此介紹幾個秘方，望能解除俞女士小兒的疾苦。

我有位懂醫理的親戚黃女士，她生了一男一女，小時都患過扁桃腺病。黃女士便用祖傳秘方醫之，很快痊愈。即青的芭蕉一條，連皮切兩三段，然後跟冰糖隔水燉，服了一段日子後此病斷根；她每教他人服之，無不靈驗。

我有位姓張同學的祖母，扁桃腺嚴重發炎，又生瘰癧，痛楚不堪，危在旦夕。以後有位高人教她一秘方，竟很快痊愈。此方很簡單，即積雪草一把、豬嘴一個、燒酒適量，隔水燉。同學因親眼見到祖母受病魔折磨的痛苦，又知我在寫醫藥專欄，特囑咐我把此方供諸於世，讓更多人受益。另，可用二十克的決明子煎湯，水煎到剩下一半，待冷卻後用來漱口。決明子是胃腸藥，可殺菌。再把敷在布上的芋藥貼在咽喉上，乾了就換，幾天後熱度與腫痛全消。芋藥製法：將芋頭外表厚厚刮下一層，磨成泥狀，加入是芋頭一成半量的薑泥，再加入同量的太白粉或麵粉拌勻，即成芋藥。

原載於《大公報》1999年12月8日

針灸佗脊穴可治腰痛

讀者洪先生來信，自言年屆五十七歲，年輕時在港進行五年舉重訓練，在一九六四年爭取參加東京奧運會時，由於鍛煉過度，不愼腰部受傷。卅多年來，腰痛一直困擾着他，其痛苦難以盡述。曾接受跌打傷科、針灸、理療、骨醫、中醫、矯形施治過，均未能根治。自一九九四年之後，隨着年紀大了，情況也惡化了，現更轉爲坐骨神經痛，牽扯到小腿痛，問筆者可有什麼辦法根治。

讀了洪先生的信，心裡很難受，傷痛不僅奪去了他的理想，而且令他卅多年受盡病魔的磨難。筆者長期爲病者的针灸治療中，發現因腰肌勞損而腰痛的，用敷藥、針灸、推拿較易痊愈，但若脊椎移位而引起腰痛的，如果治療不得法，就會拖到幾年甚至幾十年。長期的臨床經驗和研究，筆者摸索出一套針灸療法，即針灸佗脊矯形法，治愈了不少長期腰痛者。

去年四月下旬，許先生拄着拐杖來看病，他才五十開外，說坐的士腰都痛得難撑住，走路怕跌倒，只好拄拐杖。九年前他覺得背上有個脊椎很痛，但並不去理會，有次返鄉，坐長途公共汽車，因路上顛簸得厲害，返港後腰痛不已，多年亦無法工作。也如洪先生一樣中西醫都治過、跌打敷藥、針灸、牽引、拉脊、推拿，但都未能奏效。有次找骨科看病，說脊椎

移位，八個大漢頭前腳後用勁拔他，但也無濟於事。因讀《大公報》看到筆者醫藥專欄、便上門求診。我檢查其背，發現其第十一、十二胸椎和第一腰椎移了位。脊椎移位必腰痛，胸椎移位多半有肋骨痛。我除了針灸移位處夾脊外，又針極泉、外關、陽陵泉。經針灸一療程就痊癒了。

原載於《大公報》2000年1月10日

治白髮要治「精虛疏泄」

讀者許小姐來函，言有一事相求，即她的表哥年紀才三十三歲，身體一向健康，還育有一子，但不知何故，卻在一年半前白髮漸生，現在白髮佔全髮三成多，問原因何在？北京一名醫曾爲之號脈，診斷爲「精虛疏泄」，並非遺傳，請問可有什麼有效的療法。記得去年六月，筆者在本報刊有《「少年髮白」有治法》一文，曾談及老年人髮白乃是一種生理現象，青少年髮白則是種病態。

中醫認爲「髮爲血之餘」，青年白髮多因陰血虛少。「心主血」、「肝藏血」、「脾統血」，所以白髮與心、肝、脾的虛弱有關；「腎主骨，生髓藏精其華在髮」，白髮與腎氣不足更有關。許小姐的表哥工作壓力大，晚上還要攻讀課程，並要負起家庭生活重擔，憂思傷脾，肝鬱氣滯，瘀血閉絡，耗損腎精過多，致令早生華髮。

要解除許小姐表哥的白髮困擾，患者首先要補充足夠蛋白質維生素類營養，注意休息。

民間單方：塘虱魚褒黑豆、當歸、何首烏，經常服食有一定療效。北京那位名中醫開的方劑，相信可經常服用，服中藥要有耐性，要讓白髮變烏髮並非一朝一夕之事，要持之以恆。

此外，建議許小姐的表哥針灸治療，疏通其經絡加服中藥，就會事半功倍。重要穴位：心俞、肝俞、脾俞、腎俞、氣海、關元、三陰交、足三里。筆者曾以針灸治癒許多「精虛疏泄」的患者，許小姐的表哥身心健康了，自然烏髮新生。

原載於《大公報》2000年1月17日

内外兼治皮膚濕疹

讀者張先生來信，自述自己七十一歲，患皮膚病達三年之久，甚爲困擾。其皮膚病位置於腋前和腰有時長出水疱，如芝麻般大，非常痕癢，看過皮膚科，服藥至今療效不理想，在患處好轉之時，旁邊又長出新水疱，致令患處範圍越來越大，希望筆者予以一方，依方服藥，早日解除疾患痛苦。

張先生所患的是濕疹病，筆者曾在去年十一月寫過《濕疹種種及治療》一文已有介紹，臨床上一般分有急性和慢性兩種，有的又分亞急性。急性濕疹的特徵是斑疹迅速出現，皮膚發紅，嚴重浮腫，在皮膚的表皮上，由於液體乾涸而形成痂皮；亞急性濕疹的特徵跟急性濕疹大致相似，只是表現輕微些，少見浮腫；慢性濕疹多由急、亞性濕疹轉變而來，大多爲持續不定型，時而爲丘疹，時而爲水疱，多爲散在性，彼起此伏，變化無常；有些患者常年累月不癒，成爲慢性皮膚病。中醫認爲，濕疹的發生，大都責之於心火熾盛，脾胃熾熱，與風邪相搏而成。

張先生的濕疹已由急性轉爲慢性了，這是濕熱蘊毒侵淫皮膚，必須清熱解毒除濕。按其症狀有一方，張先生不妨一試。處方：烏梢蛇十五克、蒼耳子十八克、連翹十二克、苦參十八克、黃連九克、蟬脫三克、生地十八克，水煎服。因爲是慢性病，故必須服多劑。

內治還須外治，這樣可事半功倍，快點痊癒。外治可用濕疹散。濕疹散的組成與製法如下：九里明、枯矾、白鮮皮、薄荷等量為末，裝瓶備用。濕疹散：可以外洗，也可撒患處。

原載於《大公報》2000年1月24日

針灸可治「胃扭轉」症

梁女士來信，說自己是《大公報》長期忠實讀者，經常讀到筆者關於醫治奇難雜症的文章，今她患有一症，查不出究竟，求助於筆者，並自述兩個月前去北方公幹，任務繁重，三餐馬虎，常開「夜車」，覺冷。

返港時只覺上腹氣脹，肝區抽痛，可觸及包塊，即往醫院急診，懷疑肝膽出毛病，做過超聲波和心電圖檢查，肝膽、胃、心臟都健康，又抽血進行血液檢查，俱無恙，令她困惑不已，撿查無病卻自覺有疾，問可用針灸醫治嗎？

梁女士所患的是較罕見的「胃扭轉」症。筆者曾以針灸醫好過程小姐的「胃扭轉」症。去年初春，程小姐愁眉苦臉地捂着右上腹來筆者處求診，說的情況

與梁小姐大抵相似，也是因公北上，天氣寒冷，工作緊張得每夜要到凌晨才睡，飲食不正常，時飽時飢，返港時只覺腹部絞痛，觸摸有包塊，便往政府醫院求診，經過超聲波、心電圖檢查，肝膽並無問題，胃也無炎症，血液檢查也很正常，醫生斷不出何症，也是讀了《大公報》找到筆者。筆者平時喜讀醫書，曾讀過此種醫案，知乃「急性胃扭轉」症，而且用針灸治療，其療效較滿意。

本病中醫學屬「胃脘痛」、「腹痛」範疇，分為急性和慢性兩種。

急性胃扭轉徵狀爲上腹部劇痛或絞痛，而且脹氣，可觸及包塊等，有的頻繁乾嘔；慢性胃扭轉見上腹部間歇性疼痛、脹氣、嘔吐、上腹部壓痛等。病因多由消化道疾病、胃腸功能紊亂等引起；誘因寒冷刺激、飲食不當、疲勞過度所致。筆者爲程小姐針灸的穴位爲中脘、天樞、腎俞、足三里，皆直刺；胃上穴横刺沿皮向臍中或天樞方向横刺二、三寸，後照神燈。

一個療程就痊癒了。梁小姐不妨一試針灸治療。

中葯可服扭胃湯：麥冬15克、玉竹20克、石斛20克、內金10克、扁豆30克、木香12克、枳殼15克、元胡15克、炒萊菔子12克、水煎服，日一劑。

若腹脹較甚者，可加 厚樸 陳皮，便秘可加 大黃。

原載於《大公報》2000年1月31日

體位性低血壓引起昏厥

讀者袁女士來信，自述年屆五十歲，有時蹲久了，一起身就感到暈眩，有次還暈倒不省人事。但經體檢，身體健康，一切正常，想知道爲什麼會發生這種情況？有什麼妙方可醫？袁女士的情況，醫學上稱爲「體位性低血壓」，徵狀是起身較快即感暈眩，屬於「昏厥」範疇。

昏厥是指一種短促的意識喪失狀態，最常見的是在卧位、坐位或下蹲位置突然起立，這時由於腦部位置突然升高，心臟血液暫時不能充分到達腦部，令腦部缺血引起大腦細胞缺氧，於是產生昏厥。

鄉下女人常到河邊或溪旁洗衣服，多是蹲着或坐着。洗完衣服後或因起身太快，產生「體位性低血壓」而昏厥，這時若四處無人，刚好仆倒水中，就會不幸溺死。此時鄉間人往往誤爲被「水鬼」拉去當替身，這是不科學的說法。

我有位朋友，年屆六旬，身強體壯，不亞青年。有天夜裡夢見怪獸追趕，他左逃右躲，驚恐萬分，大聲喊叫，夢醒了，如果躺在床上就無事，他卻猛然坐起，這時由於腦部位置突然升高，心臟血液暫時不能充分到達腦部，腦部缺血引起氧分供應的不足。大腦細胞對缺氧極爲敏感，暫時的缺氧就會昏厥，於是他就從床上跌下來，撞傷了頭部。到達醫院後，診斷爲

內出血，幸好身體健康及時發現，沒有迸發症，只是動手術把瘀血吸出，並無大礙。

袁女士如果體檢無事，則不用擔心，也不用服藥，平時須注意坐、蹲或躺着不要急促起身。如果感到有昏厥的預兆，尚未失去知覺時，應立即躺平，可避免發生昏厥。昏厥發生後雖醒了，也應平卧半天至一天。

原載於《大公報》2000年3月6日

尿失禁的原因與治療

讀者方女士來函，說自己小便經常失禁，十分苦惱，問爲什麼會失禁，應如何治療。

尿失禁大抵可分三種，即眞正尿失禁、假性尿失禁和壓力性尿失禁。眞正的尿失禁是尿道括約肌因損傷或控制神經功能失常，病人無法控制排尿，尿液經常從尿道口流出，膀胱喪失貯尿作用，經常是空的。假性尿失禁又叫充盈性尿失禁，是由於某些疾病(如脊髓損傷、前列腺肥大)使膀胱不能將尿液排出而引起尿潴留；膀胱過度膨脹之後，膀胱內壓增高，超過尿道括約肌所能控制的壓力，尿被迫向外滴出。壓力性尿失禁是尿道括約肌功能性鬆弛；正常情況下，病人尚能控制小便，但當腹內壓力突然增加，如打噴嚏或咳嗽，就有少量小便流出。

中醫認爲多由腎氣不固，膀胱氣虛或脾氣下陷而病，多爲虛症。

針灸對於尿失禁有一定的療效，必須檢查引起尿失禁的原因，先治療原發疾病。施治原則是行運下焦，調節膀胱。針灸：腎俞、膀胱俞、次髎、委陽、三陰交、中極。次髎屬膀胱經，作用同膀胱俞。委陽爲三焦之合穴，中極爲膀胱之募穴，均有調節膀胱功能的作用，取腎俞以利膀胱之化氣，取三陰交統調三陰經經氣，以行運下焦。對於尿頻失禁，中藥可以用山茱萸三錢、五味子二錢、益智仁二錢一同水煎，取其湯飲服。或每天用芡實(去殼)合粳米煮粥進食。若「壓力性尿失禁」者，可加強尿道和直腸括約肌的鍛鍊，每日收縮三、四回，每回十至二十次，至少堅持半年。

原載於《大公報》2000年3月13日

嗜睡病的針灸治療

林女士來函，說自己整天昏昏欲睡，剛睡醒又想睡，總是睡不夠，懶洋洋提不起精神，自覺頭重、思維遲鈍。她不過四十歲，應該不會這麼早就患老人痴呆症吧，但她很擔心，問筆者到底是什麼病?應如何施治？

林女士患的應是嗜睡病，它不同於痴呆症。痴呆症是腦內神經細胞受破壞所致，是一種腦力退化病；神情呆滯，記憶力越來越差，學習困難，對周圍事物漠不關心，不能作出適當的判斷等。神情呆滯是智能低下的一種症狀，是智能活動發生嚴重障礙的表現，但未必整天想睡覺。而嗜睡病又稱「多寐」，現代醫學稱爲「發作性睡病」。其特徵正如林女士敘述的，是不論晝夜，時時欲睡，喊之即醒，醒後復睡，其睡不可克制。

《黃帝內經靈樞》說：陽氣盛則瞋目，陰氣盛則瞑目，說明嗜睡病是由於陽虛陰盛所致。陽主動，陰主靜，陰盛則多寐。陰盛原因有痰濕內困，脾陽不振，或心脾兩虛，或腎陽虛衰腎精不足，故醫治时要因人而異，對症下藥；但總的治則應振奮陽氣，瀉陰之盛，使陰陽平衡則病自愈。

針灸治嗜睡症效果較滿意，可採用補陽瀉陰手法達到陰陽相和，主要穴位：百會（手足三陽、督脈之會，開竅升陽）大椎(陽中之陽、解表通陽、清腦寧神)、健腦穴(風池下五分）、太陰蹺（足內踝下緣陷處，壯陽補腎)、鼻交(鼻背部正中線鼻骨基底部之上方鼻骨間隙，乃经外奇穴，主多睡健忘）、三陰交(振奮脾陽，是三陰之會）、神門(清心醒神)、腦清(新穴，是治嗜睡、痴呆主穴）。

原載於《大公報》2000年3月17日

手震顫有別帕金森氏症

讀者林女士來信，自述年屆六十三歲，近來發現右手有輕度震顫，很擔憂是患上帕金森氏病，她問帕金森氏病究竟是怎樣的病？會否傳染和遺傳？所患的病該怎麼醫治？

手震顫有可能患上帕金森氏病，但可能性不高，因爲據統計，每一萬人手震顫患者中僅有二十五人左右患上此病。一個人年紀大了，神經和肌肉不像從前那麼協調穩妥，偶爾有輕度震顫也屬較正常，無須過分憂慮。但這肯定是一種病，必須病向淺中醫。

帕金森氏病是一種影響患者活動的神經系統疾病。早期的主要徵狀是手或臂不受控制地發抖——震

顫，通常在休息或情緒緊張時出現，其他早期徵狀包括開始活動時感到困難、活動緩慢和肌肉僵硬。最後雙臂和雙腿經常震顫。不過，患者要經過若干年後才會嚴重殘廢。關於其病徵，筆者去年四月在「保健版」作詳細介紹，今不贅述。

大多數帕金森氏病患者的病因不明，有些病例是由外在因素引起的，如一氧化碳中毒或金屬錳中毒、某些治療藥物的副作用、擅自服用尼古丁之類的藥品，及另有外在因素觸發了此疾；這些病因令患者大腦下基底神經節裡的某些神經細胞死亡或停止正常工作。而這種細胞在正常情況下會產生一種叫做多巴胺的化學物質，起着信息傳遞作用。多巴胺供應不足，神經細胞與肌肉纖維間的信息傳遞就變得混亂，引起震顫和帕金森氏病的其他徵狀。該病不會傳染，也沒有證據顯示有遺傳性。

林女士對手震顫不必過度擔憂，但也不能掉以輕心。針灸療效較滿意，其穴位爲：曲池透少海、合谷透勞宮，肩三針。強刺激，每天一次，十次爲一療程。配合服中藥「鎮肝熄風湯」、「羚羊勾藤湯」、「天麻勾籐飲」等，療效更佳。

原載於《大公報》2000年3月20日

顳頜關節彈響怎么辦

陳醫師：

我今年二十多歲，近年發覺自己吃喝和講話時，耳朵前面發出「咯咯」的聲音，這到底是何怪病？原因何在，應如何治療？

讀者　藍一平

藍先生的怪病叫顳頜關節彈響。顳頜關節又叫下頜關節，是咀嚼和講話有密切關係的關節。此關節發響聲的症狀多發生在青年男女中，他們咀嚼食物或講話時，下頜關節就會發出「咯咯」或「咔嗒」的聲音，嚴重時，連旁邊的人都聽到。

正常情況下，顳頜關節不論開口或閉口都運動自如，沒有聲響的。之所以發出聲響，主要是關節韌帶鬆弛。造成關節韌帶鬆弛的原因有多種，如由於牙齒的咬合不好，咀嚼力量不平衡，以致長期勞損了關節韌帶。急性脫頦後常有習慣性脫臼，頜關節韌帶和關節囊都會變鬆弛。過度大笑、大聲歌唱、大喊大叫，咬嚼過硬的食物，都令頜關節韌帶和開口肌肉負荷過大，使它們失去正常的彈性和張力。夜間時時磨牙齒，經常發怒得咬牙切齒，都會使主理開口和閉口的肌肉過度疲勞或發生痙攣。不正常的頜關節活動都可

以損傷關節囊和韌帶，造成彈響。

此外有些患者是因體弱或曾發過高熱的疾病，使關節韌帶受到損害。藍先生可核對以上原因就知自己病因何在。顳頜關節的彈響，應及早治療，時間久了，就難於恢復韌帶的健康。

筆者曾醫癒過此症，主要用針灸。穴位：下關、翳風、牽正、頰車、手三里。

原載於《大公報》2000年2月28日

中風先兆及治療

讀者曾女士電，談《大公報》「中華醫藥」版周紹華教授著《中風病預防勝於治療》一文讀後很有收益。問除周教授所述有人「手指麻木」，不時眩暈，乃「中風先兆」外，尚有何種先兆？發現先兆應怎麼辦？

中風是港人「殺手」之一，以往多發生於老年人，現在竟年輕化起來。筆者曾醫過一位近四十歲的病者，他在住院期間，聽說筆者曾醫癒過許多中風病者，便由家人陪伴下悄悄來針灸，筆者爲他針刺後用神燈照射之，他只覺針位奇癢，仿如體內四面八方有風聚來。針了多次後經醫囑調理，已康復，間中還來我處針灸通經絡，以防再患。

《內經》云:風爲百病之長，善行而數變。中風前有先兆，一般多發現手指麻木了。古人說：「若中指中節麻木不用者，三年內必中風。」此有其道理，中指屬於手厥陰心包的經脈，心包經始於中指，結於胸膈部。若發現肢體麻木，忽然感覺上下樓梯不靈動，這時患者應立即檢查舌頭，如果舌頭歪向一邊,肯定是中風徵象了，應立即就醫。

針灸是治療中風的最佳辦法之一。「治風先治(經)氣，氣行風自熄」；「氣爲血之帥，氣行則血行」，對於中風的治療，首先應重視經氣的通順。針灸的主要功能是治氣通經，經氣舒暢則血脈得以流通；血脈流通，則筋肉得養、關節滑利。未雨綢繆，病向淺中醫。有位蔡女士半身麻木，用針扎之也無感覺，後堅持針灸，痊癒了。中風患者溫先生遺憾告訴我，病前忽覺上下樓梯時不靈動且辛苦，自己只是捶捶腿部死頂硬捱着，只三四天就撲倒中風了。當時若及時針灸，就不必殘疾半生。

原載於《大公報》2000年3月27日

健康尿液治病之謎

黎先生來函，有一個問題常縈迴腦際，尿是腎臟回收血液中有用的成分後而排出的廢物?何以中醫常用它治傷,似乎不合衛生常識，望能解答之。

據醫學上研究，尿液有個最奇怪的特色，即尿液排出之後，很容易受細菌污染，但健康人剛排出的尿是無菌的（中醫學上所用的尿強調必須是健康人的尿，尤其是童尿）。尿液裡百分之九十五到九十六左右是水，此外是細胞在分解蛋白質、核酸和肌酸時產生的含氮的廢物，包括尿毒、尿酸和肌酸酐以及過多的鈉、鉀、氯化物、鈣、鎂，鐵、硫酸鹽、磷酸鹽和碳酸氫鹽，至於是否尿中這些元素可以治傷，尚未加以研究，只是實踐出眞知，尿能治傷卻是眞確的。

因爲健康人剛排出的尿是無菌的，有人在急救時找不到消毒劑，於是用尿液來代替。曾聽人說被困在沙漠的人，靠喝自己的尿液以維持生命。記得以前做賊的人被鄉人捉住被打得半死，就是喝下自己撒下的尿(回龍尿)才撿回一條命。

民間秘方中有許多以童尿爲配方的，如因跌打損傷而致不省人事或吊頸解繩索後不省人事但心窩尚溫者，可用二百四十克韭菜(去根)搗爛取汁與鮮童尿半碗混和，置患者仰臥，將上藥徐徐淋灑患者口鼻，患者即醒，如仍不醒，可繼續用上藥一劑即癒。如果被火燙傷，可以用鮮童尿浸泡患處，可免火毒攻心，約泡十五鐘即能止痛。僅泡一次，經十日左右，脫去一層皮便告痊癒。

原載於《大公報》2000年4月5日

「彈響指」病因及治療

鄧女士來函詢問，說她右手無名指從彎曲處無法伸直，要靠左手來扳直它，而且直時手指一跳地彈開，做事時不方便，有時乾脆屈着無名指做事，有人說是「彈弓手」，需要動手術，想問爲什麼會患「彈弓手」？能否用針灸、中藥治癒？

鄧女士的手指病患俗稱「彈弓手」，醫學上稱爲「彈響指」。

因爲患者手指彎曲要伸直時，當伸到一個角度就不能再伸直了，甚至要用另一隻手來扳直它，扳直時手指一跳地彈開，並有一種彈響的感覺，顧名思義就叫做「彈響指」。同樣情況也可以發生在手指伸直位作彎曲動作時。

爲什麼會發生「彈響指」呢？主要是患者屈指肌

腱的腱鞘有炎症，在掌面掌頭頸處有增厚、狹窄的部分。「彈響指」多發生在用手操作的人，尤其常握硬東西的人，偶爾也見於嬰兒，那是先天性的。西醫多用局部注射醋酸氫考的松治療或動手術切開腱鞘。

筆者用針灸醫過許多「彈響指」患者，療效都很顯著。以筆者經驗，「彈響指」多發生在中指和無名指。

療法多採用遠、中、近穴相配。如陸女士六十多歲，右手無名指患「彈響指」一疾兩年多，不敢動手術，筆者爲她針灸，穴位：肩髃、肩痛點、鷹上、鷹下、曲池、四瀆、外關、陽池及無名指旁的八邪穴，不到一療程便痊癒了。

原載於《大公報》2000年4月10日

脂肪瘤與皮脂瘤區别及治療

莊先生來信詢問,說他近年來兩隻手臂的皮下長出多個質地柔軟、會滑動、有花生仁大的小瘤,有人說是脂肪瘤，有人說是皮脂瘤，令他很擔憂，不知有否生命危險，可有什麼秘方可治？

按莊先生所述的症狀，乃屬脂肪瘤。它是由脂肪組織組成，多見於皮下，可發生在全身各處，亦可爲多發性。它質地柔軟，常呈分葉狀，有時長得很大，當影響功能時，可手術切除，效果良好。莊先生是屬多發性脂肪瘤，因生得比較小,故不需要切除，沒有生命危險的。我見過一位病人，腿上、臂上、背上生有數十個脂肪瘤，他年已六旬，是私家司機，他說已生三十多年了，無礙。

這裡也有劑秘方可治脂肪瘤，即二兩玫瑰根（不分顏色)煲瘦肉服，服多劑可見效，莊先生不妨一試。

至於皮脂瘤，醫學上也叫皮脂囊腫或粉瘤。實際上不是腫瘤,而是因為皮脂腺的腺管堵塞後皮脂積聚而形成的一種囊腫，常生長在皮脂腺豐富的部位，像頭面、背、臀部等。這是一個圓形囊性腫塊，一般不超過核桃大，與深部組織不連，但是與皮膚在腺管開口處相連。推動腫塊時，往往見到腫塊頂部的皮膚有一點凹陷，這凹陷處就是被堵塞的腺管開口處。囊腫內是豆渣樣的皮脂，有時也可發炎化膿。粉瘤初生時宜

治，否則大了就要動手術切除。初生的粉瘤先用艾灸十數壯，再以醋磨雄黃塗紙上剪成瘤面大，貼上護理膠布，一二日換一次，待擠盡粉瘤中的粉漿，敷以生肌散自愈。

原載於《大公報》2000年4月17日

痔瘡可治 何必輕生

萬小姐來函，說四月十五日《大公報》刊登了一則新聞，報道一名中年男子不堪痔瘡折磨，從十樓跳下喪生。她說自己也患有痔疾，是否痔瘡最終會發展到令人死那麼疼痛難支？

萬小姐不必擔憂，痔瘡是常見的疾病，幾乎是「十人九痔」，只是人們礙於面子，不便宣揚而已。至於那位中年男子的痔瘡會發展到痛不欲生的地步，可能是開始時等閒視之，嗜食刺激性食物，加上精神苦悶，經常喝酒、抽煙，痔瘡發展至嚴重又不肯就醫。筆者也讀過此則新聞，他已五十多歲，只跟母親相依爲命。以此推測，他可能無妻兒子女，加之病痛纏身，覺得人生乏味才萌生短見，他的死並非單單痔瘡疼痛問題。

治痔瘡有許多有效單方，痔瘡出血可以採用「挑痔療法」，再嚴重者可以進醫院動手術，根本不必輕生，那是意志薄弱的表現。治痔瘡若採用內服外塗方法是很有療效，今介紹兩個單方：

一、乾木耳(背部白色者)一兩，用開水泡軟，每天清晨空腹炖食，連吃二、三斤。

二、每天晨起空腹吞五六粒小辣椒，大小以能整粒吞下爲宜，吞時勿咬破，連續約一星期即可痊癒，所吞進的辣椒也會整粒排出體外。

另外，有一外用藥十分有效，即用幾粒田螺，尾端埋在土裡，掀開螺蓋，放進少許冰片末，再蓋上螺蓋，隔一夜，螺肉就溶解了，然後用其液汁塗患處。

如果痔瘡出血，可以在患者腰部見到形似丘疹，稍凸出皮表，如大頭針帽、圓形，呈灰白、暗黑、棕褐色，是痔瘡病變的反應點，經碘酒消毒後，用挑針針尖斜向上方快速挑破皮膚表層，然後一點一點向內深入，將多條白色纖維樣物拉出外面，擺動幾下然後挑斷，痔瘡血就止了。

上面介紹的治療方法都很簡便，患者均可試之。

原載於《大公報》2000年5月8日

談失音症的治療

吳女士來函，說其兄感冒數天，有天早晨起床卻發不出聲音，四個月了，始終不能言語，十分痛苦。她是《大公報》忠實讀者，常在「聚英醫館」專欄讀到爲人診病解憂的文章，詢問可有良方醫失音症？

突然失音，又叫暴瘖。暴瘖有外感，有內傷，有職業用嗓不當等原因造成，主要是風熱襲肺，上灼咽喉。

年前有位青年招先生來醫館求醫，他北上內地經商時，因感冒兼用嗓不當暴瘖，雖經多方醫治，歷半個月，終發不出聲音？他來時聲明怕針灸，我便給他《萬病回春》中成方藥鐵笛丸，他服了三天後，聲色漸復，服一星期後便復元了。其實針灸對治暴瘖很有療效，可宣肺清熱利咽。

穴位可取少商、扶突、合谷。因爲暴瘖是由於風熱邪毒壅滯於肺，肺氣不能清肅而上逆咽喉，邪熱蘊結，痹阻聲戶，開合不利而致，少商穴為肺之井穴，用放血瀉法可瀉肺熱。

《千金要方》載：「合谷可治瘖不能言，口噤不開」。《靈樞•寒熱病》曰：「暴瘖氣鞭，取扶突。」合谷和扶突同屬於陽明大腸經，大腸和肺相表裡，可增強瀉肺熱利咽喉的作用。

《資生經》載，三陽絡、支溝、通谷可醫暴啞。

民間有許多祖傳秘方也很神奇。有一治暴瘖的方，醫好許多病後失音者。方爲：青蒿十五克，鮮童尿二茶杯。用法：以水一大碗煎青蒿十餘沸，沖童尿服之，小兒酌減。

未知吳女士之兄長願否一試。

原載於《大公報》2000年5月15日

「夢交」成因及治療

吳女士來信，說她的好友黃太太與其丈夫生前十分恩愛，年前黃先生不幸患急症逝世，黃太痛不欲生。她因思成夢，常夢見與夫性事，醒後汗濕衣衫，精神恍惚，形體日漸瘦弱。近月來入寐之後即夢見與異性同床，又非其丈夫，驚悸不已，不敢入睡，以致形容枯槁。經診斷爲「神經衰弱」或「癔病」，服用鎮靜劑、安眠藥亦未能奏效。其母親曾做過迷信驅魔也無濟於事。詢問爲何會夢交？有否良方可治。

在中醫學文獻中早有女子夢交的記載。《靈樞》道人喜發夢乃淫邪散溢體內，與臟腑十二盛或十五不足有關。厥氣「客於陰器，則夢接內」，就是說邪氣侵入生殖器就會夢到性交。黃太太由於情志所傷，悲

思過度，腎陰虧損，腎主水受五臟六腑之精而藏之。古曰：「水不養肝，肝泄不藏，則夢交驚惕。因肝木爲子，性本疏泄，腎水不足，火不能藏於水，厥陰之火一動，則夢交之症作焉。」根據「母病治其子」，腎水母病治肝木子，必須疏肝鬱結，滋陰降火。可用黃龍歸宅湯加減以疏肝解鬱，滋陰潛陽，促使陰平陽秘。曾有名醫用此方治癒類似黃太太夢交一症。即黃柏三十克、生地黃三十克、玄參二十四克、澤瀉三十克、春砂仁十二克、龍骨三克（先煎）、牡蠣三十克（先煎）、白芍十二克、酸棗仁十五克、柴胡十二克、磁石三十克水煎服（先煎），復渣再服。服了十餘劑，諸症痊癒，黃太太不妨一試。

筆者建議黃太太離開傷心地，外地旅遊散散心，從悲傷中解放出來，正視人生。

原載於《大公報》2000年5月29日

枕部「流注」要內攻外敷

梁先生來函，道近月來發現自己枕部髮間曾長出了幾粒小瘡，摸之感覺硬實，且有癢痛感，如用手大力抓破，則會滲出少許血滴，翌日便結痂痊癒。但隔數日後在小瘡附近又會生出另一小瘡來，此消彼長，像永無止境般，不勝其煩。曾用過不少中西藥膏，皆無法斷根。請問它屬於甚麼病患？可有良方醫治。

梁先生頭後枕部所生的是一種瘡，叫做「流注」，是發生於肌肉深部多發性膿瘍，爲邪氣內束，使氣血瘀滯而成的疾患，其特點是膿瘍有隨暑濕流注，有隨毒氣走散而餘毒流注，有隨瘀血流注。流竄結果，往往此處未癒，彼處又起。梁先生幸常用中西藥膏塗敷，因此尚未成大害。但此只是治標不治本，有位女孩頭部及頸後髮際多處生瘡癤，治癒了，但因瘡癤熱毒已走散，流竄經絡，使營衛不和，氣血凝結而又成患，於肩胛、腰和臀部出現鴿蛋或李子大的腫塊四處，灼熱疼痛。

建議梁先生除了外敷，還需內服。治法不離清熱解毒、活血化瘀、軟堅散結等，目的以祛其瘀滯，使氣血通暢。由於發病的原因不同，有因暑濕流注, 有因餘毒流注, 有因瘀血流注，應審因施治。按梁先生病情介紹，應是熱毒火盛於內而「餘毒流注」，治則須清熱解毒，涼血軟堅。處方蒲蛇湯加減：蒲公英九克、

牡丹皮六克、水牛角十二克(先煎)、黃連六克、炒山甲九克(先煎)、皀角刺四點五克、玄參九克、白花蛇舌草九克、石上柏九克，水煎服，每天一劑。外治用拔毒膏，或用紅升丹調茶油塗敷。

原載於《大公報》2000年6月7日

針灸可治急性闌尾炎

姚小姐來信，詢問患急性闌尾炎是否一定要開刀動手術，能否採用針灸或中藥施治？

其實，急性闌尾炎是可以用針灸和中藥治療的。過去醫學界總認爲闌尾(即俗稱的盲腸)是退化的器官。留在體腔徒生後患，所以外國有些嬰兒，一出世就把盲腸切除掉。因此，以前患有急性闌尾炎者一入醫院必定上手術台。近來醫學研究發現，人的闌尾並非無用之物，所謂「天生我才必有用」，它能分泌免疫活性物質。據統計，切除闌尾的人中，惡性腫瘤的發病率明顯較平常人為高。從這個意義上看，針灸和中藥治急性闌尾炎更有其重要價值。

急性闌尾炎多由細小的闌尾管腔被糞石梗阻，阻塞後，闌尾供血不良，管腔內多種細菌乘機繁殖而侵入管壁；混合感染引起炎症。中醫把此病統屬於「腸癰」，認爲其病因多由飲食不節或飯後急暴奔躍，或寒溫失調，致影響腸胃運化，引起濕熱積滞、腸腑壅熱、氣血淤阻而成。其病徵是：起病時，常在上腹正中或臍周持續性疼痛，陣發性加劇，數小時後腹痛下移，局限於右下腹，伴有噁心、嘔吐、腹瀉或便秘(小兒病者常腹瀉)，檢查小腿闌尾穴(足三里穴下約二寸處)有壓痛點,若不及時治療，會化膜穿孔全身感染、中毒、嚴重脱水，須入醫院急診動手術。

闌尾炎早期針灸治療比較見效。常用穴：闌尾穴、足三里、上巨虛。噁心、嘔吐加內關；腹痛加天樞、大腸俞；發熱較高加合谷、曲池。強刺激，持續捻針二、三分鐘，留針一、二小時，每隔十五分鐘運針一次；每天可針兩、三次，至症狀消失。中藥則可服通變大承氣湯或闌尾膿腫湯。

原載於《大公報》2000年5月24日

癔病類型及針療

讀者邢女士來函，自述有一次突然昏厥，四肢強直，家人慌了手腳當即被送進醫院急診室。經醫生診斷屬癔病。但她至今尚未明白，癔病不是歇斯底里病麼，怎麼會跟「昏厥」拉上關係？癔病可治療嗎？

癔病按症狀的性質和形式分為轉換型和分離型，前者以軀體障礙為主，後者則表現精神發作。邢女士癔病是屬於軀體障礙，雖然跟癲癇等疾病相類似，但醫生經神經系統檢查後，找不到相應的神經系統陽性體徵，所以才斷定邢女士是癔病。在軀體症狀方面，最常見的是「抽筋」和「昏厥」。「抽筋」時突然倒地、手足亂舞、大口喘氣、呼吸加快、面色潮紅；表現為「昏厥」時，不言不語、四肢強直，發作時間自數分鐘至數小時不等；有的自訴突然雙目失明、兩耳失聰、發音嘶啞、肢體癱瘓、感覺麻木等。

精神症狀方面，多呈發作性興奮騷動、哭鬧叫喊、手舞足蹈。有些病人以小調唱歌形式唱出內心的苦悶；少數文化較低的病人可見「神鬼附體」的表現；有些病人呈一種「假性痴呆」狀態，如給他看三個手指，他道二個手指，令其指耳，卻指眼或指鼻，然而他在處理日常其他複雜問題時卻不出差錯。癔病多見於青年，尤其女性，一般都在精神受刺激或情緒受挫時發病，故此病又名歇斯底里。

癔病可治療，針灸治療可收立竿見影之效。有關針灸治療，古代已積累了豐富的經驗，孫思邈等對治療此病就探索到許多有效的穴位，對其症狀施針，取穴少而刺激強，頗有療效。

原載於《大公報》2000年6月12日

痛風的飲食與針療

讀者高先生來信詢問，說自己患痛風症，十分苦惱。醫生告誡要戒口，高蛋白的魚、蝦、蟹不要吃，最好吃素不要吃葷，不要飲酒。他早餐原是煎荷包蛋、牛奶和麵包，因蛋白質高也不能吃了，問飲啤酒行嗎？他可是無酒不歡的。中醫能治愈痛風病嗎？
高先生患痛風病，醫生的告誡使他覺得人生無樂趣。什麼叫痛風病，一般人都知尿酸過高，足拇指第二節橈側疼痛，但那已是嚴重了，是屬於復發性關節炎的症候群。其實，關節炎就是屬痛風病的範疇。

鄭先生說他曾患膝關節炎症，但久未復發，近來連赴七場大宴，高蛋白食物吃得太多了，因此膝又疼痛起來，便前來針灸，針了數次又痊愈了。

王先生患痛風症，正如高先生一樣很悲觀，經其妹介紹前來針灸，針了二療程也痊愈了。戒食是必要的，尤其在患病期間，但在防治該病的飲食方面，人們存有誤區。

蛋白質就是高嘌呤食物。嘌呤在體內最終代謝為尿酸，尿酸增高即可誘發痛風。牛奶、蛋類雖屬蛋白質食物，但卻是低嘌呤食物，高先生早餐可放心用膳。

飲酒是誘發痛風的重要因素，過多的酒精在體內可分解產生大量乳酸，乳酸能阻止腎臟排泄尿酸，從而使血尿酸增高。

高先生想用啤酒代白酒，孰知啤酒比其他酒類所含的嘌呤濃度更高。筆者認為，飲少量米酒或葡萄酒過酒癮還可以，至於魚蝦蟹及動物內臟一定要戒，有鱗的魚可吃，無鱗的魚不要吃。宜素不宜葷的說法也有片面性，豆類及豆製品等素食中的嘌呤含量並不低，韭菜、筍、菠菜、磨菇進食過量同樣會誘發痛風。

高先生要多吃些維生素B、C，多飲水，要樂觀，解除對疾病的恐懼心理。

原載於《大公報》2000年6月16日

不寧腿綜合徵及治療

本人是貴報忠實讀者，常見您在「聚英醫館」爲讀者排難解憂，故冒昧請教。

本人今年六十三歲，近二、三個月來得一怪病，每至黃昏入夜，兩條腿便如針刺般地疼痛，有時有蟲爬蟻走樣感覺，很不安寧；因此為之失眠、焦慮、緊張。曾往求醫，但只是給服食鎮靜劑之類的藥物，治標難治本。請問這是什麼病？中醫可治癒嗎？

讀者　莫偉明

莫偉明先生：

你所述的症狀叫做不寧腿綜合徵，又稱不安腿綜合徵、艾克包姆氏綜合症，其症狀正如先生你所述的。中醫學多將此症歸入痺症範疇，或因外感風寒、邪氣不盡而傷及陽氣，以致久累營血；或因陰血不足而致氣滯血瘀、脈絡不通，因此須採用溫陽散寒或滋陰益氣之法。

筆者曾用針灸治癒過此病，主要穴位有阿是穴、腎脊、環跳、殷門、風市、委中、承山、海血、陽陵泉、足三里、三陰交，然後用神燈照射。若無神燈，可在主穴的針頭上燃艾，灸是很重要的。

如果針灸加服中藥，療效就更顯著。藥方：黃芪

一兩，人參、附子各三錢，羌活、白芍、製半夏、淫羊藿、萆薢、當歸、棗仁、白朮、茯苓各三錢，炙甘草、肉桂、防風、細辛、獨活各二錢，川芎一錢五分，水煎服。一劑可煎三次，分早、午、晚各煎一次，溫服。

此方藥能補血溫經逐寒，可祛風除濕，是扶正祛邪、攻補兼施的良藥。

原載於《大公報》2000年6月26日

中醫針灸治不孕症

讀者李小姐來信，自訴婚後六年未孕，丈夫經醫院檢查，一切正常，自己月經也按期來潮，只是行經時小腹常會疼痛。四年無採取避孕措施，何以未能成孕？是否患上不孕症？如何治療？請給指點。

凡夫婦結婚兩年以上，未避孕而未能懷孕者，稱為不孕症。造成不孕的原因，有男方因素（李小姐丈夫的情況已排除這個可能性），但以女方因素為主。針灸治不孕症有獨到之處，從現代西醫學的角度，也認為用針灸方法可促進排卵達到受孕。按中醫辨證論治，認為不外腎虛、肝鬱、痰濕而致沖任不足。

主穴：子宮、中極。

配穴：根據臨床分型辨證取穴，可分三型：腎虛型加腎俞、命門、關元、氣海、太溪、三陰交、血海、照海；肝鬱型加三陰交、照海、陽陵泉、血海、太沖、痰濕型加脾俞，曲骨、商丘、豐隆、關元、足三里、中脘。若混合型就要自度配穴。

治法：均用毫針刺法，在月經淨後進行治療，每天一次。進針得氣後，腎虛型用補法，肝鬱型和痰濕型均用瀉法，連續針刺十五次為一療程。配合中藥湯劑內服療效更佳。

有一位朋友，情況如李小姐所述，月經正常，五年未孕，後服馬利杰中醫師方劑二十多服後懷了孕。方為：大熟地十五克、全當歸十克、杭白芍十五克、鹿角霜十克、女貞子十五克、香附子十克、陽起石十五克、仙靈脾十克、紫石英十五克、蛇床子三克、桑寄生十五克、逍遙丸（包煎）十五克。水煎服，每日一劑。

原載於《大公報》2000年7月3日

中醫針灸治老年痴呆症

讀者蔣女士來信，說她母親七十五歲，近來有些「懵懂」、健忘，對越近的事記憶越差，但對早年往事卻記得清楚。請問，是否患了老年痴呆症？此症中醫有藥可醫嗎？有遺傳性嗎？

蔣女士的母親很可能是患上了老年痴呆症。患者的病情會隨着時間的推移而惡化，進而出現智能活動全面減退，乃至生活不能自理，連兒女都不認得了。到目前為止，尚未發現某些遺傳因素，請蔣女士不必擔憂。關於你母親的病況尚屬早期，應立即治療。現代西方醫學尚無有效的治療手段，但對於早期的痴呆症，中醫的針灸與中藥結合可望治癒。

中醫學將老年痴呆症歸屬於「癲疾」、「善忘」、「呆痴」等範疇，認為其病機以腎虛髓空為本，痰阻血瘀為標。扁鵲當時就有記載此病及療法：「痴醉不治，漸至精氣耗盡而死，當灸關元穴三百壯」。近十年來才廣泛地開展針灸治療老年痴呆症的機理研究，結果表明，針刺後患者大腦皮層興奮性有所提高，並能增加腦供血和供氧量，促進衰退神經元的能量代謝，促進腦組織的損傷修復與再生。

針灸穴位。主穴：百會、四神聰（或四神穴）、神庭、當陽、上星、首面、鼻交、定神、水溝、關元、大椎、風池、腦清。配穴：命門、腎俞、復溜、陽交、太溪、足三里、豐隆、身柱。每次選主穴四、五個，配穴三、四個，須針三療程以上。

民間有一驗方，可治早期老年痴呆症。用天麻十克、豬腦一具（抽去外面血絲），同置鍋內，加水適量，用文火炖煮一小時，撈出天麻藥渣，加紅糖適量調味即成。每日一劑，吃豬腦、喝湯。蔣女士不妨讓母親試服看看。此食療方對膽固醇及血脂偏高者慎服。

原載於《大公報》2000年7月10日

「縮陽症」及其治療

小林寫信到醫館，提到隱私，說自己陽具有異常人，平時會縮得很小，但興奮勃起時卻很正常，不知是否縮陽症，憂心忡忡。請問什麼叫做縮陽症？針灸可醫治嗎？

小林身體很正常，有的人也如是，不必擔憂。至於縮陽症，是很少見的，屬急症。縮陽症，又叫縮陰症，是男科病，多因寒邪直中少陰，聚結關元、氣海等處，致宗筋收引，發作時陰莖、陰囊內縮，小腹抽筋，劇痛欲絕，最好的治療辦法是針灸。

記得二十多年前，筆者尚在內地，一次下鄉，有位婦人急沖沖來找我，說她兒子下田勞動，忽然中邪似捂着小腹跑回家，痛得面色青慘白，陰莖、陰囊都往內縮。保健院醫生束手無策，要我去針灸一試。我一聽病狀，知是縮陽症，便帶着銀針和艾條跟她去。

到了她家，只見一青年雙手捂着小腹前陰，蜷曲身體在床上翻滾，痛喊救命。妻子站在床前，愛莫能助。

青年陰莖陰囊內縮，下肢厥冷，我斷定確為「縮陽症」。於是先針關元、氣海兩穴，採用補法，強刺激，並用艾條灸之，灸了很久他才覺熱甚，接着陰莖、陰囊翻滾而出，小腹也覺舒服不痛。為了使真元得充，腎氣增強，我又為之施針腎俞、太溪、三陰交、足三里。並灸之复以溫陽散寒。

筆者拜讀過《華佗神醫秘方》，書內有治陽縮一方：即人參五錢、乾薑五錢、白朮三兩、附子一兩、肉桂六錢，急以水煎汁服之，據說立效。

原載於《大公報》2000年7月17日

針灸治足跟痛療效高

蘇先生來函，自述足跟痛,不能履地，西醫建議他動手術，但他擔心萬一動手術時不小心傷了神經，致無法行走，他又是家庭經濟主要負擔者，後果堪虞。所以三思之後他不敢接受醫生建議，只好服止痛藥，但服多了對胃又有礙，問針灸可否治癒此疾。

針灸治足跟痛，療效顯著，歷來醫學文獻多有記載，筆者也醫癒過不少人。記得二十多年前，我的學生蔣小姐，她是位走讀生，我見她右足總是踮着足尖，一瘸一拐地走路，便問她，她說足跟痛幾個月了，路走多了，連足底都痛。我便叫她到我宿舍，爲她針灸。讓她側卧床上，兩足平伸，用28號毫針於右足跟正中赤白肉際的女膝穴扎上一針，進針後斜向湧泉穴方向捻進三寸，留針半小時，每隔五分鐘捻一次，出針後，她說輕鬆多了，囑她翌曰再來。

翌日來時高興地對我說：「全好了」我以爲她怕痛，托辭而已，她見我有點不相信的神情，便在我面前蹦跳，走來走去。

人之所以生病，多因經絡阻塞，「不通則痛」，經絡打通了，病就自然痊愈。「異病同治，同病異治」，同是足跟痛，施針穴位也不同。有的人因氣虛而足跟痛，特徵是局部無紅腫，也能履地，只是疼痛。可針合谷、承山、崑崙三穴。方法：先針健側合

谷，強刺激，有的即可見效，如效果不佳，再針承山和崑崙穴，直刺承山二寸，捻轉提插使感應放射到足跟，然後再針崑崙透太溪。一般不到一個療程便會治好。

原載於《大公報》2000年7月24日

針灸刮痧治落枕

讀者曹小姐來電，自述早晨起床時突感右側頸項疼痛，不能俯仰和轉向左側，疼痛放射至右側背部，並向上臂擴散，有時牽引到頭枕部疼痛。請問是不是「失枕」病，中醫、針灸可治療嗎？

按曹小姐所述確是失枕病，也就是落枕病。本證的主症是晨起頸部疼痛，此有別於頸椎後關節半脫位和頸椎病。病因是睡眠時體位不正，使經絡氣血運行受阻，或因外感風寒之邪，令項背經絡不疏。

落枕一病，中醫很有臨床經驗，二千多年前《靈樞・雜病篇》就記載其療法：「項痛不可俛仰、刺足太陽，不可顧，刺手太陽也。」民間也有許多治療的土辦法，記得小時候，鄉人落枕，常叫理髮師傅整項，只見他雙手抱着患者的頭部，輕輕擰來擰去，然後很重力一擰，只聽「啪」的一聲，患者頓覺舒服。

抓痧治療本病，也有較好的臨床效果，如果同時配合按摩治療，更可取得滿意療效。操作方法：患者坐着，選取邊緣光滑圓潤的瓷勺或牛角梳背部，以食油或水為介質，刮取風池、大椎、肩井穴，致出現痧痕為止；後再令患者取仰卧位，刮取懸鐘、外關穴，到出現痧痕為止。若肌肉扭傷加刮後溪、阿是穴；若感受風寒加刮曲池、合谷、阿是穴，手法力度較輕，操作範圍廣泛些。每日抓痧一次。筆者自創拔火罐然後推火罐刮痧法，效果亦很好。

針灸治療落枕療效更佳。可先針懸鐘穴，後針落枕穴，針落枕穴時採取捻轉手法，持續行針至症狀減輕或消失後起針。頸不能左轉者，取右側穴；不能右轉者，取左側穴，雙側也可同時針刺。

原載於《大公報》2000年8月7日

針灸治療腕關節痛

王女士來信詢問，自述今年來手腕痛的次數頻密，有時擦些活絡油，似乎痊癒了，但不久又復發，尤其近日颱風下雨，於腕痛得連擰毛巾都感困難，何以會這樣，針灸治療有效嗎？

王女士患的是腕關節痛。中醫學把它列入「痺症」範圍，認為其主因是寒濕淫筋，風邪襲肌或不慎跌挫、血瘀經絡，以致氣血流通受阻而病。

王女士沒有跌挫，自然是寒濕淫筋，風邪襲肌，所以當氣候變化就痛。針灸治腕關節痛成效較顯著，手腕痛，筆者醫了很多，效果都相當滿意。

筆者針灸治腕關節多採用遠近結合法。穴位：取曲池透少海、天井、手三里、外關、陽池、陽溪、中泉。

一般一療程就痊癒。最近周女士手腕痛，因初發就來針灸，四天就痊愈了。前不久街上碰到陳女士，十多年前曾為她治過手腕痛，問及病況，她說自那次針灸後都未復發過。

不要輕視手腕痛，若不及時治療，會引發腕管綜合症，那就麻煩了。所謂腕管綜合症，即屈指肌腱鞘發炎、腫脹、增厚，壓迫腕管內的正中神經，引起手指麻木、刺痛，夜間尤為加劇，經常於睡眠中痛醒。晚期可出現掌部魚際肌萎縮，肌力減退，拇指、食指、中指和無名指的橈側一半感覺消失。

腕部劇痛還可用二十克的薑磨成泥狀，放入小布袋中，置於八百毫升的熱水中振蕩，然後把手腕浸其中，此方可有效止痛。

原載於《大公報》2000年7月31日

游走性風濕有單方可試

陳醫師：

我是大公報長期讀者，知「聚英醫館」常爲病者解答疑難問題,所以冒昧寫信求教。我今年四十六歲，患了風濕症，一身盡是痛，而且疼痛部位沒有固定，到處流竄，有時左臂，有時右肩，忽然又移到腰部、腿部乃至背部，一處未好，另一處又起，飄忽不定，痛苦不堪。尤其颳風下雨日更加刺痛。請問醫師，爲何有人風濕只固定一處，到底風濕症有幾多種？我是很相信針灸的，但這麼多地方痛，一定要刺多個穴位，想起就害怕，請賜一特效方劑，解我疾苦，不勝感激。

鄭瑞芬

鄭瑞芬讀者：

風濕症基本上分爲二種，即肌肉風濕症（着痺）和游走性風濕症（行痺）。肌肉風濕症多數只在某個部位或範圍很小的部位有痛感，爲風濕留在肌肉不移不動的症候，如神經痛、腰痛、坐骨神經痛等。

所留的部位，大多在手臂、肩部、頸部、肋肌、腰肌等處，針灸治療短期內可以治癒。鄭女士所患的風濕症屬於「行痺」，即游走性風濕症，痛無定點。此疾比較頑固，不易治療，痛竄、筋抽，十分痛苦。

有一單方很有效，鄭女士不妨一試。即將七里香木的樹幹劈成薄片，每次四兩，與豬腳一隻燉服，水十二碗煎至六碗，三餐飯前空腹各飲一碗，六碗則為二日的量，專服其湯，至於豬腳，食與不食均可。

此方藥量不得少於四兩，否則無效。

原載於《大公報》2000年8月14日

鵝掌風的針灸治療

讀者杜先生來信，說二、三個月前掌心發現紫白色斑點，當時並不在意，接着白皮叠起，手掌肌肉堅硬，皮膚厚且乾枯燥裂，逐漸遍及手掌，用蛇粉，用驅風油等外用藥塗抹都未見效，不知這是什麼病，為什麼會生此病，針灸可以治癒嗎？

杜先生所患的病，中醫叫做鵝掌風，認為因血燥受風，凝滯而成；西醫把它歸入手癬範疇，認為患者大都先有腳癬，再有手癬；不知杜先生可有腳癬？但也有少數人只有手癬而無腳癬。患者以成人居多，兒童甚少。

一般手癬有以下三種類型：

一、指間糜爛型：患者手指間潮濕糜爛，有脫皮現象，剝去表皮，其下皮膚潮紅。中指和無名指最容易發生；

二、水泡型：兩手掌面有成群或分散的水泡出現，有時幾個小水泡融合成一個較大的水泡，很少蔓延到手背；

三、鱗屑型：手掌有成片的脫皮損害，邊緣清楚，但很少看見水泡。日久皮膚逐漸增厚，到了冬天，皮膚開裂，很像鵝掌，不少病人指甲也起變化，感到十分痛苦。

杜先生的手癬有可能是屬於鱗屑型，也就是鵝

掌風。

杜先生要用外用藥就必須用癬藥水或癬藥膏，但要徹底治癒鵝掌風還是用針灸。針灸的穴位為勞宮、內關、大陵、少府。每天扎針，手法平補平瀉，十天為一療程。

記得幾年前有位林女士，四十多歲，家庭婦女，她患鵝掌風，十分煩惱，因為切菜，煮菜等要用雙手，只好戴手套做家務，諸多不便，經針灸後亦能痊愈，掌面也皮光肉滑了。

原載於《大公報》2000年8月21日

癌不會傳染

何太太來函，情緒十分低沉，自述今年才三十九歲，生有一子，原跟丈夫十分恩愛，不幸年前患了乳癌，因為擔憂傳染給丈夫、兒子，自覺把湯匙、筷子、碗碟等餐具分開用，也不敢跟丈夫同房，更談不上性生活。近來欣聞癌症不會傳染，是否屬實？她希望「聚英醫館」能解開她這個心結。

筆者十分同情何太的際遇，本來她這個問題應詢問腫瘤科治癌專家，我的回答沒有權威。因筆者有的親友也罹此疾，所以特別留意這方面的知識。恰巧得很，近來筆者讀到一本馬來西亞出版的醫學雜誌《大家健康》，內載許多名醫文章。於二〇〇〇年八月一日出版的總八十二期內，有莊光日醫生寫的《癌決不傳染，隔離加速癌患絕路》一文，認為「癌症會傳染根本沒有科學根據。」

莊光日醫生曾在馬來西亞馬六甲中央醫院、居鑾醫院及吉隆坡中央醫院癌症科服務，考獲英國及愛爾蘭皇家學院放射腫瘤院士文憑，現任馬六甲仁愛醫院，當放射及腫瘤專科顧問。他在該文中寫道：「由於錯誤的觀念，以為癌症會傳染，病人與家人漸疏遠，甚至連餐具也不可共用，這是很可悲的。試想一個人在知自己患癌後，已是很重大的打擊，除了必須獲得醫藥治療，更需親人、朋友、同事、妻子或丈夫在感情上、心靈上的支持與安慰，但如以為癌症會傳染而受到『隔離』或忽略，對病人將是另一重更大的打擊，況且癌症會傳染根本沒科學根據。

「認清這一點事對家有癌患者的人而言是很重要的，切勿讓患癌的親人在孤獨無助下面對抗癌魔。」他又認為，癌患者可以保持正常性生活。但願本文能解開何太心結，愉快生活。

原載於《大公報》2000年8月28日

針灸可醫「漏下」病

吳小姐來信，自述她的月經量偏多，每次持續時間多到八、九天，最近甚至持續半個多月，開始量多，七天後則淋漓不斷，整天腳酸手軟，食慾不振，有人說是「崩漏」症。詢問是否她的生殖器有病，會否致癌？針灸可治嗎？

吳小姐的病在婦科上是常見的，西醫稱功能性子宮出血，或稱功能失調性子宮出血，是由於卵巢功能失調引起子宮內膜過度增殖或剝脫不全。一般說來，生殖器沒有器質性病變，不會致癌，請吳小姐放心。功能性子宮出血，於祖國醫學上屬於崩漏範疇。在行經期間或不在行經期間大量出血，或持續出血叫崩漏。其來勢洶洶如山崩的叫「崩」，其來勢緩慢而淋漓不斷的叫「漏」。吳小姐的病應叫「漏下」。但吳小姐不要認為非生殖器有病就掉以輕心。因為漏與崩在發病過程中可互為轉換，如漏而不止，病勢日進，也可轉為崩，那就麻煩了。如是，久崩不愈，或可轉為漏。

針灸可以治「漏下」，筆者也醫過許多此類病者，都很有成效。

治則滋陰養肝、健脾止血、培元。崩漏症多由沖任失於調攝而病，因為肝主藏血，脾主統血，沖脈為血之海，任脈為陰血之主。所以，脾氣虛衰則血失統攝，肝經有熱則血失所藏。針對此，我選的穴位為肝俞、脾俞、關元、三陰交、隱白、斷紅穴（二、三掌骨之間。指根下一寸）、百會。每天一次，針後加灸，百會穴單灸不針。一般一療程可痊愈。

原載於《大公報》2000年9月4日

治頭痛有妙方

今天先看看讀者趙嘉怡小姐的一封來信。

陳醫師：

我今年四十七歲，患頭痛已十幾年，止痛藥片得要隨身帶備，頭一痛就要服食，但也只是暫時止痛而已。曾試過針灸，但見針就暈。別人頭痛服中藥有效，而且幾年沒復發過。我依樣畫葫蘆照服之，卻毫無作用。我頭痛起來如鑽刺似地痛苦。請問您有何單方妙法治癒我的頭痛？那就不勝感激。

趙小姐：

頭痛之疾是十分複雜的。傷寒六經都會頭痛，火邪頭痛、偏頭痛、氣虛頭痛、血虛頭痛、眉角痛、腎虛頭痛、眞頭痛等。

中醫師針對不同症狀開方，所謂對症下藥。而趙小姐的頭痛未必與「別人」的頭痛症相同，所以他人有效，趙小姐則無效。

筆者曾拜讀過清朝名醫、同鄉陳修圓醫家的《時方妙用》，他對各種頭痛的治療都有不同的方子。如果你無法分辨自己的頭痛屬於哪種，最有效的方法是蒸療。即方用川芎半両、晚蠶砂二両、僵蠶數量如患者之年歲，病者多少歲（虛歲），僵蠶便用多少個），以水五碗煎至三碗，砂鍋以厚紙糊實，中間開一孔如錢幣般大小，取藥氣薰蒸痛處，每日一次，經三、五次後便不會復發了。

記得筆者高中畢業那年，有一天正值烈日當空，有事從學校急急趕回家，結果頭痛如裂，雙手抱頭在床上翻滾，簡直痛不欲生，嚇得家裡人手足無措。幸好我鄉下有位七十高齡的女郎中端來一個砂鍋，也是厚紙蒙着鍋面，中間開一大孔熏我頭部，不久頭痛就止了，至今都沒那樣劇痛過，後來才知這就是陳修園的蒸方。趙小姐不妨一試。

原載於《大公報》2000年9月18日

治小腿肚抽筋有良方

任先生來函，自述小腿肚經常抽筋，有時睡到半夜因抽筋而痛醒，要慢慢站起來才能緩和，但又擔心筋會斷，不知中醫能否治癒它？

小腿肚抽筋是俗稱，西醫叫腓腸肌痙攣，中醫可以治癒它。

筆者用針灸治癒了許多小腿肚抽筋患者，主要的穴位是委中、承山、築賓、陽陵泉。

有一劑湯藥對治療腓腸肌痙攣很有療效。即白芍甘草湯，方爲：白芍四錢、甘草四錢，水煎服。我有位朋友吳先生被小腿肚抽筋折磨得很痛苦，又無暇來針灸，問有何妙方可治？我便教他服白芍甘草湯，他服了三劑便不再復發。近來見面，他告訴我白芍甘草湯很了得，一年多來他介紹很多親朋服之，小腿肚抽筋症都痊癒了，而且都只服二、三劑，大家都說很神奇。

這味湯劑是一位教授告訴我的，前幾年她去東南亞某國訪問，參觀一個煉鐵廠時，工人們知道她是一位名中醫，便請教她治療小腿肚抽筋的方法，原來這工廠很多工人都患此疾。她便教以白芍甘草湯，結果許多工人服後都治癒了，工人們均盛讚中國醫學的高明。

民間也有一種治小腿肚抽筋的方法，即痙攣發作

時，速取大蒜瓣(紫皮爲佳)剝皮切片，用切面塗擦痙攣患側的足心，用力擦，擦出蒜汁爲佳，邊擦邊輕伸小腿，效果也很顯著。任先生可以任選一種治療之。

原載於《大公報》2000年9月25日

消除疲勞及提神有良法

讀者林先生來函謂因工作繁忙，十分疲勞，經體檢無器質性疾病，請問可用什麼辦法快速消除疲勞。針灸能消除疲勞嗎？

消除疲勞的方法很多，最常見的可請按摩師按摩。筆者自創走罐法對消除疲勞也很有療效。方法是讓患者伏臥床上，塗上維克斯膏或曼秀雷敦薄荷膏，在大椎、肩井（雙）、命門拔火罐。幾分鐘後，從大椎沿着肩胛骨外緣來回游推火罐，宛若刮痧，游推完一邊再推另一邊。接着來回推背脊，此是佗脊和督脈穴。然後從兩旁肩中俞直推到腎俞，上下來回推，推至痧出，此間包括肺俞、厥陰俞、膏盲俞、心俞、督俞、膈俞、肝俞、膽俞、脾俞、胃俞、三焦俞、腎俞。這樣拔火罐和刮痧相結合，使五臟六腑都通利、理血調氣、化瘀、清濕熱、治滯寬胸膈，經走罐後全身心都感輕鬆。有位親戚從內地返港，下飛機後累得懶講一句話，家裡人忙用小車直接載到我醫館、經筆者替他走罐後，生龍活虎，又說又笑。

走罐法療效神速，但背上留下痧痕，需三五天才褪色，對於需露背的運動員和演藝員有所不便。針灸消除疲勞亦顯功效。取穴：足三里和後溪。來醫治頸椎炎的夏小姐告訴筆者她十分疲倦，筆者便為她扎了足三里，當扎後溪時，她欣喜地說「此穴可治疲勞！」我以為她熟知針灸，她忙解釋，她並不知針灸和穴位，只是此穴很神奇，一扎捻轉後，頭腦立即清醒，好像午睡後那麼神志清新，而且手心暖和，見她臉頰也紅潤些。足三里是強壯要穴，而後溪穴的功效能舒筋脈、通督脈、清神志，二穴搭配，故能提神和消除疲勞。

原載於《大公報》2000年10月4日

坐骨神經痛療法

余先生來信敘述自己的病情，說上個月不慎扭傷了腰，致令由下腰部起，臀部、膕窩和小腿有火燒樣的疼痛，不敢彎腰，行、坐、卧都困難，咳嗽和打噴嚏時疼痛加劇，問此病是否腰痛？有人說是坐骨神經痛，對嗎？如何治療？

余先生的病是腰痛，也是坐骨神經痛，可能因扭傷令椎間盤突出所致，要檢查才知。坐骨神經痛的症狀多先由下腰部或臀部痛起，沿坐骨神經的分佈區域放射，呈持續性的火燒樣或針刺般劇痛，疼痛由腰沿腿後或外側放射到足趾。常見的是風濕性坐骨神經炎、增生性腰椎關節炎和腰椎間盤突出所引起。其實，腰椎有疾也會令風濕侵入而伴有風濕性坐骨神經炎。

坐骨神經痛屬於中醫學「痺症」的範疇，認為由風寒濕邪，流注經絡，阻滯經脈，致使氣血運行不暢，所以「不通則痛」。本病為針灸療法的適應症，首先要檢查脊椎，如有腰椎移位、增生，先針以佗脊穴，然後針灸環跳、坐骨、承扶殷門、委中、承山、陽陵泉、懸鐘。臨床經驗可於劇痛點的腱側相對部位也針灸之才更有療效，余先生不妨一試針灸治療。

筆者在家鄉會見有人用燃燒桑樹木片灸烤患肢治療坐骨神經痛。方法是在地面架燒乾桑木片約十斤，在其旁邊打地鋪，患者睡在鋪上，以患肢疼痛部位靠近灸烤，以患者能忍受為度。待桑柴燃燼後，把炭灰掃去，將二斤上等好醋潑在燒熱的地面上，此時熱氣蒸騰（速鋪上一層稻草，稻草上鋪一小棉被，讓患者再躺其上，烙烤至不熱為止。因出大汗，需不斷喝鹽水。此法很有療效，但體質太弱者慎用。

原載於《大公報》2000年10月11日

脫肛症的治療

勞太來信詢問，自述今年四十多歲，平時胃常痛，整天沒精打采，近日發覺大便後肛門脹墜，好像有東西脫出，但站立時用手搓搓又自行收上，不知是什麼病，心裡很害怕。請問醫師為何有此現象，該如何治療？

勞太患的是脫肛症，醫學上叫直腸脫垂。勞太的病現在只是初發，若不醫治，症狀會逐漸加重，便後須用手上托才能復位，甚至咳嗽、走路也會脫出，有的會脫出幾厘米長。直腸脫出，是指肛管、直腸、乙狀結腸下段的粘膜層或全層腸壁脫出肛門之外的病症，主要是脾胃虛弱或久瀉久痢、長期便秘、婦女分娩過多

或產程用力等原因，以致氣虛下陷，不能收攝，以致肛門鬆弛，升舉無力。

治則應補中益氣，升陽舉陷。針灸對治療脫肛很有效果。可針：百會，長強、環肛穴、承山、足三里、氣海，針後再灸，加強療效。也可以單用艾灸，可灸：百會、尾窮、臍中。百會位於巔頂，灸之能升陽以起下陷之氣；尾窮能收斂維繫肛門之筋；臍中溫陽固脫，健運脾胃。灸法最適合於小兒。

民間也有許多單方可治脫肛症，現略舉一、二：

(一)訶子十五克，水煎服，每日一劑，分二次服。訶子味苦、酸，性溫、濇，無毒，可以治脫肛、氣虛、多矢氣、久瀉、久痢、久咳失音、腸風、便血、崩漏、帶下，但痢疾初起而裡急後重者，及外感風寒咳嗽初起者不可用。

(二)生黃芪十五克、升麻九克、五倍子三千克，水煎服。

原載於《大公報》2000年10月23日

中醫治甲剝離症

讀者柳太來信詢問，說她一年前因洗海參後雙手的食指、中指的指甲缺乏光澤，指甲緣與甲床部分分離發白，一直不癒。她問是什麼病?中醫藥可醫治嗎?柳太患的是甲剝離症，洗海參不過是誘因。中醫學認爲證屬肝經血燥：爪失所養，應該滋養肝血，清熱潤燥。

幾年前，筆者有兩位親友患甲剝離症，我便介紹名中醫朱仁康的驗方給他們服。其中一人只患不到一個月，服了十劑就痊愈了。另一個人患了二年多，就服了四十多劑。其方爲：柴胡、當歸、白芍、茯苓、丹皮、梔子各三錢、甘草一錢五分、薄荷一錢、生薑三錢，水煎二次，分服。

肝藏血，性喜條達。肝主筋，其華在爪，《內經》中謂「爪為筋之餘」，肝血不足時，指甲就會淡白薄軟，甚至剝離甲床。當歸、白芍在於養血柔肝，。肝病每易傳於脾，因脾統血，茯苓、白朮、生薑、甘草在於健脾和胃。主以柴胡疏肝解鬱，並以薄荷助其疏泄條達，肝部得舒。加上丹皮清熱、涼血、和血、散瘀血；山梔能消炎、清熱涼血，肝體得養，爪也得滋養，甲剝離症便痊癒。

《岳美中論醫集》中說：「治急性病要有膽有識，治慢性病要有方有守。」一些慢性病都是漸漸積

成，並非一朝一夕之故，其形成往往是由微小不顯露的量變而引起質變，所以不是一、兩劑能治好，「有效不更方」，要長期守方需要卓識定見和持之以恆的精神。翻開醫書，古醫案中也常常見到服幾十劑甚至百餘劑而病癒的。柳太不妨一試此方，若有效，請堅持之。

原載於《大公報》2000年10月30日

腰痛應對症施治

余先生來信，自述腰痛多年，跌打、服中藥、針灸始終治不愈，尤其天氣變化便痛得如錐刺，十分痛苦，請問有何妙法可治？

腰痛只是一種病症，多種疾病和多種原因都可以引起腰痛。如腰椎間盤突出症、腰部骨質增生、腰肌勞損、腰扭傷、脊椎歪斜等，或因外感寒濕、濕熱、邪阻絡脈，或腎陽虛衰、腎陰不足、經脈失養；或瘀內結、脈絡阻滯所致。因此要治好腰痛，必須找出病因，然後對症下藥或下針。

一般痛而不能俯者，乃濕氣；痛而不能直者，乃風寒，凡痛而不止者，腎經之病，乃脾濕之故。余先生曾經中藥、跌打和針灸都治過，仍然無效，可能是脊椎歪斜和移位。筆者治過不少腰痛患者，最初多針風濕和腎虛的穴位，有的很靈驗，很快就痊癒，有的療效欠佳。經多年臨床經驗發覺，脊椎移位、骨刺、歪斜對腰痛影響很大，必須針華佗夾脊，脊椎直了，腰痛就痊癒了。目前中醫師多用電針，但治佗脊就不方便，往往不針，脊椎不直，或骨刺仍壓住神經，腰部痛楚就無法解除。

許先生去年來筆者處治腰痛，他五十歲左右，卻拄着拐杖來，說坐的士時無法坐正，斜卧着，下車痛極。他也如余先生一樣腰痛七、八年，中藥、跌打、針灸都試過，終無效，無法工作，經濟損失慘重。經檢查，筆者發現他脊椎十、十一、十二、十三移位，成S形，便針其佗脊，加腎俞、志室、委中和阿是穴，三天後他便把拐杖扔了，僅一療程就康復。

許多人腰痛往往不徹底醫癒，捶捶腰部或搽擦藥油捱着，要知輕症不醫則成大患，應當慎之。

原載於《大公報》2000年11月8日

鎖喉風急救法

讀者黃紅秋女士來信，提及她有位年輕親戚往外地出差，忽然患鎖喉風逝世；念及此事，她心有餘悸。近日香港天氣乍冷，她的喉矓有點發痛，少不免杯弓蛇影，忐忑不安。什麼叫鎖喉風？患病原因及如何治療？

鎖喉風乃喉結處的癰。中醫學認爲，因風熱搏結於外，火毒熾盛於內，肺失清肅，火毒痰生，痰火邪毒停聚於喉所致。其症狀爲咽喉紅腫疼痛，連及頸頰迅即痰涎壅盛，言語、呼吸、吞咽困難。嚴重者牙肉拘急、口噤如鎖、神志不清，咽喉內外俱腫，迅速窒息而死。

鎖喉風要區別於喉蛾。喉蛾（又名乳蛾）病在喉嚨，證見喉核紅腫疼痛，表層有白色化膿點，湯水難咽。症狀與鎖喉風相似，喉蛾扁桃體明顯充血、腫大，有黃白色點和片狀滲出物，但易拭去，拭後不出血。而鎖喉風，尤其白喉，也有灰白色假膜，但不易拭去，如果勉強拭去常引起出血。

發現鎖喉風，西醫可注射白喉抗毒素。針灸方面，可先用三棱針於手指的少商、商陽、關沖等井穴點刺放血，擠出一、二滴，這樣就可解危防窒息，然後針下關、頰車、合谷、曲池，強刺激不留針，均取雙側穴位，每日一次。治鎖喉風宜解毒消腫，清熱利咽，開竅豁痰。中藥可用蒼耳子煎水服之。蒼耳子，味甘，性微溫，無毒，功能散風濕、利尿、消炎、解毒。危急時也可用甘菊花根洗淨搗汁灌下。菊花味甘苦，性微寒，無毒，功能清熱、散風、解毒、消炎止痛。

治鎖喉風可先用一根鵝毛，沾桐油入喉捲攪，痰即隨油吐出。服甘草水可解油氣，然後再服其他中藥。

原載於《大公報》2000年11月17日

被狗咬須急救

陳醫師:

我在十一月十五日讀到謝基立醫師《寵物害死小主人》一文，談及過去二十年全國死於狂犬病者累計逾十萬人，感到非常震驚，也引起警惕。我家也養了隻小狗，而且小兒很寵爱牠，捨不得送給別人。請問，如果發現小兒被狗咬麼辨？

林芳上

林女士：

首先，你要教育小兒萬一被狗咬千萬要告訴父

母，即使大人被狗咬也不可掉以輕心，同樣會罹害的被狗咬，分為被瘋狗和被狂狗（一般狗發狂）所咬兩種。發現家人被狗咬，應立即檢查頭上有否紅髮，因為若是被瘋狗咬傷，其毒上攻，頭上便會生出紅髮，必須馬上扯去。男子十一日、女子十四日內可治，過期不救。發現瘋狗咬傷後，應盡快注射瘋狗病疫苗。但若不是瘋狗咬傷，最好不要注射瘋狗病疫苗，因為此乃「以毒攻毒」法。有位同仁說，她有幾個相識的人被一般狗咬傷而注射過瘋狗病疫苗，幾年後都患了癌症，其中是否有關連，尚待進一步探討研究。不管被瘋狗或狂狗所咬，首先急於被咬處針刺，令其出血，或用拔罐法拔之，使毒外出。若無火罐、竹罐，可用瓷牙罐代替。

中醫治瘋狗症，除刺血、拔毒外，用葱白六十克、生甘草十五克煎洗患處，並用玉真散（天南星、防風、白芷、天麻、羌活、白附子各等分）外敷。內服下方：斑蝥七個，去頭足翅同米炒黃，米去不用（若患者虛弱，只用三、四個），生大黃十五克、金銀花九克、僵蠶七個，酒水各一碗煎至碗半，飽時服，服後小便會解下血塊，候至小便清白，方始毒盡，然後食溫粥一碗。百日內忌聞鑼鼓聲，忌食肉類、魚、酒、葱。

若一般狗咬傷，可將天南星研末調薑汁抹患處，傷口流出黃水即好。

原載於《大公報》2000年11月20日

喉蛾急救有秘方

黃女士來電，多謝我在保健版解答關於鎖喉風的問題，驅散了她心中的陰影。她又提及喉蛾，問喉蛾的成因和治療方法，有什麼秘方用以救急。

喉蛾又名乳蛾，病在咽喉部的扁桃體，因其形似乳頭，狀如蠶蛾而得名。西醫叫急性扁桃體炎，認爲多因鏈球菌、葡萄球菌侵入扁桃體引起發炎所致。中醫認為多因肺胃熱壅，火毒熏蒸，或因氣滯血凝，老痰肝火結成惡血；或因肝腎陰津虧損，虛火上炎、或因過量食辛辣東西，疲勞過度，五志化火而誘發。發於一側為單蛾，發於雙側為雙蛾，發於喉核為喉蛾。三者症狀雖不同，但治法相同。其病證前文已在與鎖喉風區別時談過，證見喉核紅腫疼痛，表層有白色化膿點，口臭，便秘，湯水難咽，身發寒熱。它與白喉的分別是那黃白色點易拭去，拭後不出血。

針灸對治療喉蛾有立竿見影的效果，其穴位：天容、合谷、曲池、少商；少商點刺出血。

治喉蛾有許多秘方可救急，今略舉三方：一、天竹葉、黃柏洗淨共搗汁加好醋少許，調和含口中，徐徐咽下，毒消自癒。二、穴位貼敷療法：取穴位合谷，用朱砂、冰片、輕粉等量共為細末，取獨蒜一枚，共搗爛如泥，裝入半個核桃殼內，扣在合谷穴固定，一晝夜取下，穴上必起黑紫色水泡，消毒後刺

破，令水流出，外塗龍膽紫（紫藥水）並防止感染。
三、金銀花、玄參各十二克、連翹、桔梗、淡竹葉、牛蒡子各九克、甘草六克、荊芥四克半、薄荷三克（後下）水煎，分三次服。

原載於《大公報》2000年11月27日

黑舌危症須及時診治

讀者黃小姐來信，談到她發現自己的舌頭突然變黑而十分害怕，不知是否有危險，應如何治療？

筆者告訴她應立即請有經驗的中醫師診治。舌變黑，不可掉以輕心。望舌可以診斷病症，屬於望診之列。望診在中醫望、聞、問、切四診中具有相當重要的地位。居四診之首。望舌主要是觀察舌質和舌苔兩個方面的變化。黑舌一見於寒極，一為熱極，若非熱極和寒極，必為氣陰兩損。

有 種叫黑底生刺舌，此舌刮去芒刺，底下肉色俱黑，不必辨其何經何脈，雖無惡候，必死勿治。一謂黑爛自囓舌，此舌黑爛而頻欲囓，必爛至根而死，雖無惡候怪脈，亦屬不治。還有叫黑瓣黑底舌，此舌瓣底俱黑，必死不治，雖無惡候，脈也暴絕。

黑舌是危症，但若及時對症下藥，也可以化險為夷。有年夏天，農民蔡某在田間勞動，突然舌腫盈口，顏色紫黑，麻木，艱於言辭，但他並未吃任何特殊食物，未進泉水和野果。他求診於蔡金波醫師，蔡醫師想起「一切卒暴之病，用薑汁與童便服」「立可解散」之，遂急搗一大塊生薑取汁，讓患者咽下，並用薑汁撫摩舌頭，半小時後竟舌如常人。黑中無胎枯瘦舌，此舌由發汗過多，津枯血燥所致，若傷寒八九日，大便五六日不下，腹不硬滿，神昏不得臥，或時呢喃嘆息者，宜服炙甘草湯。黑中無胎乾燥舌，此舌為津液受傷，虛火用事之候，急用生脈散合附子理中湯治之。黑胎舌（起病時，發熱胸悶，舌黑色而潤，外無險惡情狀者，此胸膈素有伏痰。可用薤白、瓜蔞、桂枝、半夏煎之，一劑黑胎即退。或不用桂枝加枳殼、桔梗也有療效。舌見黃中黑至央者，熱氣已深，不惡寒而下利者可治，宜用調胃承氣湯。

筆者前些日子，一覺醒來，發現舌底半邊墨黑，心知危證，急在背後推火罐，並服調胃承氣湯，三、四天後黑色漸退。上述介紹幾種黑舌症療法需中醫師辨證論治後服藥。

原載於《大公報》2000年12月15日

麻疹易防治　慎防轉逆症

讀者余女士來信，說她將要分娩，擔心孩子將來萬一出痲疹怎麼辦？又問痲疹是怎麼回事？如何防治？

作為香港人的確有福，余女士不必擔憂，人在醫院分娩時，醫生會為嬰兒注射痲疹疫苗，百分之八十不會出痲疹了，即使在百分之二十之內，出痲疹其症狀不至嚴重。有了痲疹，可到母嬰健康院求治，或求診於中醫師。

痲疹是由病毒所引起的急性傳染病，傳染力極強。痲疹，俗稱為「疹子」、「瘖子」、「痧子」，一年四季都可發生，以冬春雨季為最多。過去醫院有記載，初生或五至六個月以下的嬰兒不致傳染痲疹，那是因為以前多吃母乳，可從母體獲得被動免疫力，暫時免受傳染。但現在多數餵牛奶等，所以現在從初生嬰兒到老年人都會患痲疹，尤其五歲以下的小兒。但生過一次痲疹後就能獲得永久免疫力而不再生第二次。

中醫認為，此證由手足太陰陽明二經蘊熱所發。發病時，眼中盈淚、腮紅赤、面浮腫、多咳嗽、多打噴嚏、多嘔多瀉、多痰多熱、通身紅赤。麻疹起而成粒，勻淨而小，斜目視之，隱隱於皮膚之下，以手摸之，磊磊肌肉之間，其形如芥子，其色若桃花。痲疹屬腑候，發則先動於陽而歸於陰。所以，全身以頭面背、四肢向外的陽部，發多發透為安。

麻疹與傷風感冒的最佳鑒別法就是，當疹發第三天，會在患者口腔內發現，充血的頰黏膜近臼齒處出現細小白點，好像紅紙上撒了胡椒粉。這種小點稱為費——柯氏斑，是辨識麻疹最早最可靠的證據。出麻疹，順利者病程前後是指十四天，但若醫治不當，轉為逆證則不可治。

原載於《大公報》2000年12月20日

跋

——執脈揮毫論歧黃

香港　戴建評

陳娟是著名作家又是著名中醫師。在舊中國的年代，魯迅先生為拯救病弱的國人學醫，后來棄醫學文，以文喚起民衆，自立更新。生長在新中國的時代，陳女士為弘揚中華文化學文；為發揚中華醫學又學醫，於福建師範大學中文系和香港大學專業進修學院中醫系深造。畢業後從文執脈懸壺濟世。

在文學上她成就輝煌，作書立說，十多本作品獲獎，長篇小說《曇花夢》被國內兩家電視台拍成電視連續劇播放，轟動文壇。在中醫學上，她勤勤懇懇，精心研究，為《大公報》連續撰寫医學科普文章上百篇，深受香港市民讚譽。她精研針灸，一支銀針治癒許多奇難雜症。

中醫淵源悠久，漢代《黄帝內經》問世，成為中醫學理論基礎和學術發展的源泉，對臨床实踐起着指導性的作用。陳醫師精心求學，認真实踐，纖纖素指按上患者寸関尺上，分出浮沉遲數虛实，精確斷證，標本兼治，使許多長期疾患者脫離苦海。

針灸是中華民族的一項重大發明，它源於原始時代，古書記載黄帝創立砭灸法，砭即如針一样的石。

至秦漢時代冶金技術的發明，以金屬針逐漸代替砭石。《靈樞》又稱《針經》，記載當時金屬醫針有九種不同的形狀和用途，稱之“九針”。陳醫師篤學《靈樞》，熟運“九針十二原”，對針刺的疾、徐、迎、隨、開、闔、等手法和補瀉的運用以及分佈肘、膝、胸、臍等處的十二個原穴分別取用的道理，熟絡與發揮，使許多罹患奇難雜症的患者，針到病除。

善哉！仁哉！陳娟中醫師學文又學醫，執脈使針灸、揮毫論歧黄。弘揚中華文化、發揚中華醫學。

人文關懷譜新篇

香港　江燕基

陳娟老師的新著《仁心仁術見神奇　》即將面世，先睹為快。陳娟老師是著名作家，上世紀八十年代，她的長篇名著《曇花夢》在《深圳特區報》連載兩年多，風靡大江南北。成書後，又被國內兩家電視臺改編為電視連續劇，廣為流傳。

陳娟老師與張詩劍老師，是文壇一對珠聯璧合的恩愛作家，模範夫妻。來港初期，頭頂着“阿燦”的緊箍咒，只能靠打牛工養家餬口。但他倆毫不氣餒，白天搏命做工，晚上秉筆耕耘；不久，張老師的詩《故鄉水》和陳老師的短篇小說《初到貴境》，雙雙獲得獎項；此後更聲名享譽文壇。

自古文人多苦難，“文窮武富”是歷史的鐵律。但是，文人挽狂瀾以既倒的社會責任和教化人倫自覺追求，時時錘鍛着他們的良心。生活剛剛安頓下來，夫妻倆就與一班志同道合的“傻子”於1985年組成第一個文學團體“龍香文學社”，堅定在“文化沙漠”裡栽花種樹，決心變沙漠為綠洲。

在“有錢未必萬能，但無錢萬萬不能”的現實世界，陳娟老師毅然自己開辦醫館，用自己在內地所學的針灸知識，為街坊鄰里治病，以換取微薄收入，來養家餬口，辦《香港文學報》支撐文學事業。

針灸是中華文化的瑰寶，是中醫學登峰造極的神奇妙著。小小一根銀針，扎刺在病者的經絡穴位上，針到病除，不用吃藥苦，也不須挨刀痛。陳老師為了提高醫術，不但精研針灸手法，反復磋摩中醫理論，還到香港大學專業進修學院進修兩年中西醫，對專業一絲不苟，孜孜不倦。

陳娟老師醫德高尚，她為人治病，絕不像有些人，把“別人的錢變成自己的財富”；而她一貫以“救死扶傷，治病救人”為宗旨，充分顯示中華民族五千年文化的精粹：人文關懷。

作為一個女醫師，陳老師特別關注女病人；作為一位作家，陳老師十分善於觀顏察色，善於打開病人的心扉。每當病人就醫，除表面的病症外，她還會尋蹤究底，追根朔源，找出發病的原因。不但以手中針去為人治病，還用真誠，以赤心，去關懷、溫暖病人險遭枯竭的心。有位中年女士，因貪靚去減肥，結果肚臍凸出，上門來求醫。陳老師一邊為她針灸，一邊與她聊天，發現她還有性冷感。陳老師不僅治好了她的臍凸病，順便連冷感也醫好了，使之夫妻感情融洽，家庭生活幸福。陳老師對奇難雜症的治療有悟性有創意。有位女病人美麗動人，但小時跌倒大椎骨尖出，以至露肩衫無緣穿著，陳老師的神針也解除了她三十多年的痛苦。陳老太感冒一場，結果聞不到氣味了，陳老師一針刺下，使她恢復了嗅覺……陳老師在港行醫二十多載，仁心仁術，精益求精，不驕不貪，同情病人疾苦。往往醫一病治多病，不多收醫療費用。

陳老師作為一位作家，她對每一宗醫案，都用文字留下詳細的記錄，並且發表在大公報上，公諸於世。今又集結成書，毫無保留地把自己的經驗、體會，貢獻給社會，貢獻給國家，貢獻給人民。

“醫者父母心”。作為一位醫師，一位作家，陳老師博大精深的醫術，偉大的人格胸懷，確實可作人群表率。

想當年，正當筆者為完成兒時所定的“座標”，實現作家夢撞得頭破血流，痛不欲生的時候，是他們夫婦向我伸出友愛之手，讓我重新振作，把我帶進文學殿堂。她們夫妻倆師長般的扶持，兄長般的溫暖關懷，帶著我一步一步沿階而上，才有了我成就夢想，達致“座標”的理想境界。

趁陳老師的《仁心仁術見神奇》面世之際，不揣冒昧，謹以此小文，聊表敬謝張老師、陳老師的無私栽培之深恩。

二零一五年十二月

香港文學報社出版公司

HONG KONG LITERARY NEWSPAPER PUBLICATIOI

書　　名：《仁心仁術見神奇》
著　　者：陳　娟
責任編輯：戴建評
出版發行：香港文學報社出版公司
社　　址：香港九龍土瓜灣下鄉道36號華強大廈2字樓B樓
電　　話：（0852）23305870
傳　　真：（0852）23642320
印　　刷：1000本
開　　本：210mmx140mm（大度32開）
字　　数：160千字
印　　张：9张
初　　版：2017年12月
國際統一書號：ISBN 978-962-962-430-9
定　　價：HK$ 港幣68元
